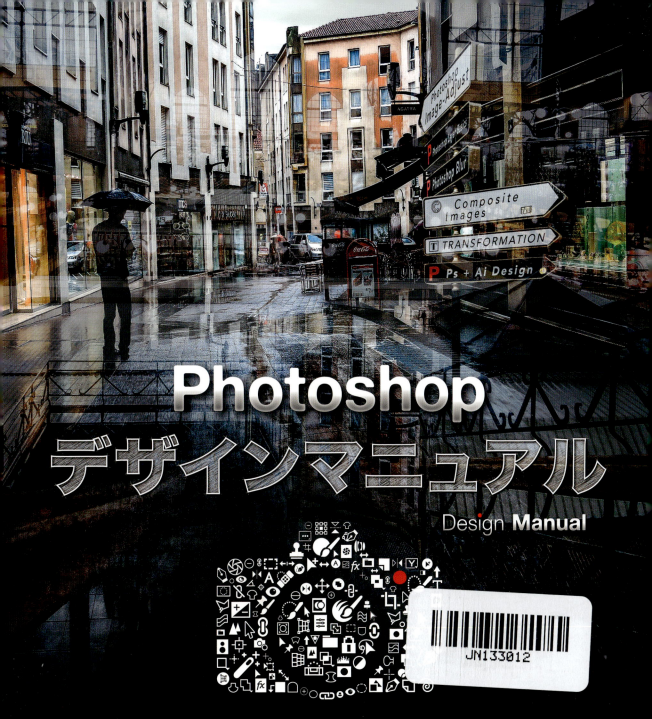

DOWNLOAD

素材データおよび完成データはダウンロードしてお使いいただけます。
ダウンロード方法は P.014 をお読みください。

© 2019 Kazumasa Shimoda

本書の内容およびすべてのダウンロードデータは著作権法上の保護を受けています。素材データおよび完成データの著作権はすべて各著作権者に帰属します。学習用途に個人で利用する以外は一切利用できません。著者、出版社の許諾を得ずに、無断で複写、複製、インターネットの二次利用等に使用することは禁じられています。本書の運用およびダウンロードデータのご利用は、必ずご自身の責任と判断によって行って下さい。ダウンロードデータを使用した結果、何らかの不都合が生じる間接的・直接的損害等について著者および出版社はいかなる責任も負いません。
Adobe Photoshop、Adobe Illustratorはアドビシステムズ社の米国ならびに他の国における商標または登録商標です。本書に記載されているその他の製品名、会社名はすべて関係各社の商標または登録商標です。本文中では™や©、®は記載していません。

INTRODUCTION

本書は写真をテーマに Photoshop の操作方法を学ぶ、写真加工のリファレンスブックです。簡単な画像補正から、ボケ～合成～エフェクト～コラージュの順に読み進めることで、写真加工のテクニックを難易度順に学び、応用できるように制作しました。また、各セクションの冒頭は制作内容に関連する情報や、Photoshop の機能・検証についてまとめたクイックリファレンスから始まります。後に続く作例ページを進める際のガイドにしてください。
本書の後半からは Illustrator を使用した作例が少しずつ登場します。作例は最新の操作方法を優先して効率の良い手順で解説していますので、作業の高速化に役立つと思います。室内撮影からスナップショットまで条件の異なる環境で撮影した写真を素材に、カッコイイ写真に仕上げるテクニックを学んでください。画像加工や写真の補正術を身につけるための教材として、デザイン素材の参考用に本書をモニターの近くに置いて頂けると幸いです。

JET_COMPANY　下田和政

CONTENTS

INTRODUCTION			003
IMAGE INDEX	作例目次	作例目次	005
HOW TO DOWNLOAD	ダウンロード	素材・完成データのダウンロード方法	014
HOW TO USE	本書の使い方	本書の構成・メニューやパネルの名称解説	016
HOW TO READ	本書の読み方	図版によるページ内容の解説	018

THE FIRST SECTION 「操作一発」で写真のイメージを変化させてみよう

■ QUICK REFERENCE	PHOTOSHOP IMAGE ADJUST	Photoshop	022
□ 作例ページ		Photoshop	038

THE SECOND SECTION 「レイヤー」を使った画像合成の基本テクニック

■ QUICK REFERENCE	PHOTOSHOP LAYER BASICS	Photoshop	060
□ 作例ページ		Photoshop	074

THE THIRD SECTION 「ぼかし」効果でカッコイイ写真に仕上げよう

■ QUICK REFERENCE	PHOTOSHOP BLUR	Photoshop	098
□ 作例ページ		Photoshop	112

THE 4TH SECTION 組み合わせの「合成術」で印象に残る写真を作ろう

■ QUICK REFERENCE	COMPOSITE IMAGES	Photoshop・Illustrator	140
	特集　カメラのオブジェにレンズを合成する		150
□ 作例ページ		Photoshop・Illustrator	158

THE 5TH SECTION 写真を「変形操作」して景色を作り変えてみよう

■ QUICK REFERENCE	TRANSFORMATION	Photoshop・Illustrator	186
□ 作例ページ		Photoshop・Illustrator	204

THE 6TH SECTION PhotoshopとIllustratorで作るデザインの詰め合わせ

■ QUICK REFERENCE	PS + AI DESIGN	Photoshop・Illustrator	236
	デザインの実験・研究・制作方法を考える　DESIGN LAB		240
□ 作例ページ		Photoshop・Illustrator	256

IMAGE
INDEX

作例目次

本書の作例はクイックリファレンスとセットになっている場合が多くありますので、リファレンスページを読んでから作例ページに進むことをお勧めします。

THE FIRST SECTION	01～17
THE SECOND SECTION	18～29
THE THIRD SECTION	30～41
THE 4TH SECTION	42～53
THE 5TH SECTION	54～66
THE 6TH SECTION	67～78

作例目次

Section 01_**01**
カラー補正とパース調整は
実用的な自動補正
PHOTOSHOP CC / CS6

自動カラー補正
P.026
QUICK REFERENCE

Section 01_**01**
カラー補正とパース調整は
実用的な自動補正
PHOTOSHOP CC

変形の自動補正
P.026
QUICK REFERENCE

Section 01_**01**
カラー補正とパース調整は
実用的な自動補正
PHOTOSHOP CC

変形のガイド補正
P.027
QUICK REFERENCE

Section 01_**02**
プリセットで一発変換
レトロ写真を簡単に作る
PHOTOSHOP CC / CS6

P.028
QUICK REFERENCE

Section 01_**03**
かすみの除去で
写真を鮮明にしてみよう
PHOTOSHOP CC

P.030
QUICK REFERENCE

Section 01_**03**
かすみの除去で
写真を鮮明にしてみよう
PHOTOSHOP CC

VARIATION
P.031
QUICK REFERENCE

Section 01_**04**
角度補正と塗りつぶしを
切り抜きツールで行う
PHOTOSHOP CC

P.032
QUICK REFERENCE

Section 01_**04**
角度補正と塗りつぶしを
切り抜きツールで行う
PHOTOSHOP CC

カンバスを拡大する
P.033
QUICK REFERENCE

Section 01_**04**
角度補正と塗りつぶしを
切り抜きツールで行う
PHOTOSHOP CC

VARIATION
P.033
QUICK REFERENCE

Section 01_**05**
HDRトーンのプリセットを
合成して調子を薄める
PHOTOSHOP CC / CS6

P.034
QUICK REFERENCE

Section 01_**05**
HDRトーンのプリセットを
合成して調子を薄める
PHOTOSHOP CC / CS6

VARIATION
P.035
QUICK REFERENCE

Section 01_**06**
ノイズリダクションと
アンシャープマスク
PHOTOSHOP CC / CS6

P.036
QUICK REFERENCE

IMAGE INDEX
SECTION 01

Section 01_**06**
ノイズリダクションと
アンシャープマスク
PHOTOSHOP CC / CS6

シャープの検証

P.037

QUICK REFERENCE

Section 01_**07**
Camera Rawの
基本補正でレトロを作る
PHOTOSHOP CC

P.038

作例

Section 01_**08**
シャドウ・ハイライトで
暗い写真を明るく補正
PHOTOSHOP CC / CS6

P.040

作例

Section 01_**09**
Camera Rawの
プリセットを使おう
PHOTOSHOP CC

P.042

作例

Section 01_**10**
Camera Rawの
プリセットに追加補正
PHOTOSHOP CC

P.044

作例

Section 01_**11**
HDRトーンの効果は
雨の日に真価を発揮する
PHOTOSHOP CC / CS6

P.046

作例

Section 01_**11**
HDRトーンの効果は
雨の日に真価を発揮する
PHOTOSHOP CC / CS6

VARIATION

P.047

作例

Section 01_**12**
露出不足の暗い写真を
明るく明瞭化する
PHOTOSHOP CC

P.048

作例

Section 01_**13**
遠近法のガイド補正と
シャドウ・ハイライト
PHOTOSHOP CC

P.050

作例

Section 01_**14**
ゆがみフィルターの
顔立ち調整機能
PHOTOSHOP CC

P.052

作例

Section 01_**15**
照明効果が生み出す
光と影の演出方法
PHOTOSHOP CC / CS6

P.054

作例

Section 01_**16**
ソース画像を使って
写真の色味を補正する
PHOTOSHOP CC / CS6

P.056

作例

作例目次

Section 01_**16**
ソース画像を使って
写真の色味を補正する
PHOTOSHOP CC / CS6

VARIATION
作例
P.057

Section 01_**17**
出たトコ勝負の一発作成
Photomergeの自動合成
PHOTOSHOP CC / CS6

作例
P.058

Section 02_**18**
レイヤーパネルの機能と
描画モードの合成検証
PHOTOSHOP CC / CS6

不透明度と塗りの違い
QUICK REFERENCE
P.062

Section 02_**18**
レイヤーパネルの機能と
描画モードの合成検証
PHOTOSHOP CC / CS6

描画モードの検証
QUICK REFERENCE
P.063

Section 02_**19**
調整レイヤーと
塗りつぶしレイヤーの効果
PHOTOSHOP CC / CS6

レンズフィルター
QUICK REFERENCE
P.064

Section 02_**19**
調整レイヤーと
塗りつぶしレイヤーの効果
PHOTOSHOP CC / CS6

グラデーション
QUICK REFERENCE
P.065

Section 02_**20**
レイヤースタイルを極めて
エフェクトの達人になろう
PHOTOSHOP CC / CS6

QUICK REFERENCE
P.066

Section 02_**20**
レイヤースタイルを極めて
エフェクトの達人になろう
PHOTOSHOP CC / CS6

レイヤースタイルの
ペースト
QUICK REFERENCE
P.069

Section 02_**21**
レイヤーマスクの
加工テクニックを学ぼう
PHOTOSHOP CC / CS6

QUICK REFERENCE
P.070

Section 02_**22**
塗りつぶしレイヤーで
延長部分を塗りつぶす
PHOTOSHOP CC

作例
P.074

Section 02_**23**
塗りつぶしレイヤーで
影を明るく補正する
PHOTOSHOP CC / CS6

作例
P.076

Section 02_**23**
塗りつぶしレイヤーで
影を明るく補正する
PHOTOSHOP CC / CS6

覆い焼きカラーと
塗りの効果
作例
P.079

IMAGE INDEX
SECTION 01~SECTION 03

Section 02_**24**
輪郭を強調した
セレン調モノトーン
PHOTOSHOP CC

P.080
作例

Section 02_**25**
セピアカラーの彩色を
レンズフィルターで行う
PHOTOSHOP CC

P.082
作例

Section 02_**26**
歩道に反射する
水たまりの映り込み
PHOTOSHOP CC / CS6

P.084
作例

Section 02_**27**
傾き、色かぶり、空の色を
段階的に修正する
PHOTOSHOP CC

P.088
作例

Section 02_**28**
露出オーバーの明るい写真を
レイヤー合成で補正する
PHOTOSHOP CC / CS6

P.092
作例

Section 02_**29**
低彩色でシックな
人物の合成写真
PHOTOSHOP CC

P.094
作例

Section 03_**30**
ぼかしギャラリーから
3種類の効果を検証する
PHOTOSHOP CC / CS6

P.100
QUICK REFERENCE

Section 03_**31**
ぼかし(レンズ)は
レイヤーマスクがボケ足
PHOTOSHOP CC / CS6

P.102
QUICK REFERENCE

Section 03_**32**
フィールドぼかしで作る
玉ボケ・デフォーカス
PHOTOSHOP CC / CS6

P.104
QUICK REFERENCE

Section 03_**33**
写真の四隅を暗くする
周辺減光の効果
PHOTOSHOP CC / CS6

P.106
QUICK REFERENCE

Section 03_**34**
被写体選択のフォローは
クイック選択ツール
PHOTOSHOP CC / CS6

P.108
QUICK REFERENCE

Section 03_**35**
チルトシフトを使った
遠くをボカす演出方法
PHOTOSHOP CC

P.112
作例

作例目次

Section 03_**36**
降り注ぐ柔らかい光と
虹彩絞りぼかしの効果
PHOTOSHOP CC / CS6
作例
P.116

Section 03_**37**
2種類のぼかし効果で作る
ミニチュアエフェクト
PHOTOSHOP CC
作例
P.120

Section 03_**38**
被写体を浮き上がらせる
ぼかしのプロ技テクニック
PHOTOSHOP CC
作例
P.124

Section 03_**39**
バス&スピンぼかしで
スピード感を演出する
PHOTOSHOP CC
作例
P.128

Section 03_**40**
「リンクを配置」を使って
画像をレイアウトする
PHOTOSHOP CC
作例
P.132

Section 03_**41**
チルトシフトの玉ボケで
深夜の道路を彩ろう
PHOTOSHOP CC
作例
P.136

Section 04_**42**
鉄板やレンガ、紙などの
テクスチャと合成する
PHOTOSHOP CC / CS6
APPENDIX
QUICK REFERENCE
P.141

Section 04_**43**
オーバーレイで描写する
強インパクトの多重合成
PHOTOSHOP CC / CS6
QUICK REFERENCE
P.142

Section 04_**44**
透明感を表現する
窓ガラスの合成テクニック
PHOTOSHOP CC / CS6
QUICK REFERENCE
P.144

Section 04_**44**
透明感を表現する
窓ガラスの合成テクニック
PHOTOSHOP CC / CS6
VARIATION
QUICK REFERENCE
P.145

Section 04_**45**
切り抜き作業に特化した
「選択とマスク」の機能検証
PHOTOSHOP CC
QUICK REFERENCE
P.146

Section 04_**4601-4604**
カメラのオブジェに
レンズを合成する
PHOTOSHOP CC / CS6
特集
QUICK REFERENCE
P.150

IMAGE INDEX
SECTION 03~SECTION 05

Section 04_47
3つの素材で作る
ガラス窓の映り込み
PHOTOSHOP CC / CS6
ILLUSTRATOR CC / CS6

作例 P.158

Section 04_48
背景に馴染ませる
切り抜きの合成術
PHOTOSHOP CC

作例 P.162

Section 04_49
多重合成の
ハイコントラスト仕上げ
PHOTOSHOP CC / CS6

作例 P.166

Section 04_50
テクスチャーを合成して
ノイズを表現する
PHOTOSHOP CC

作例 P.170

Section 04_51
計算された多重合成
狼のシルエットコラージュ
PHOTOSHOP CC / CS6

作例 P.172

Section 04_52
操作パネルの「擬人化」
合成コラージュ
PHOTOSHOP CC / CS6

作例 P.178

Section 04_53
写真を立体的に仕上げる
ブラシツールのワザ
PHOTOSHOP CC / CS6

作例 P.182

Section 05_54
「編集メニュー」の基本変形は
需要度が高い変形コマンド
PHOTOSHOP CC / CS6
ILLUSTRATOR CC / CS6

APPENDIX P.187
QUICK REFERENCE

Section 05_54
「フィルターメニュー」の変形効果
エフェクトの古参組は変形に特化
PHOTOSHOP CC / CS6

APPENDIX P.187
QUICK REFERENCE

Section 05_55
魚眼レンズを模した
膨らみ変形のまとめ考察
PHOTOSHOP CC / CS6

P.190
QUICK REFERENCE

Section 05_56
「遠近法ワープ」を使って
石畳を拡張する
PHOTOSHOP CC

P.192
QUICK REFERENCE

Section 05_57
バニシングポイントの
変形・合成テクニック
PHOTOSHOP CC / CS6
ILLUSTRATOR CC / CS6

P.196
QUICK REFERENCE

作例目次

Section 05_**58**
パスの形状に合わせて
文字を変形させる
ILLUSTRATOR CC / CS6
P.**200**
QUICK REFERENCE

Section 05_**59**
直感で変形操作する
3D回転とパスの自由変形
ILLUSTRATOR CC / CS6
P.**202**
QUICK REFERENCE

Section 05_**60**
遠近法ワープでつくる
断崖エフェクト
PHOTOSHOP CC
P.**204**
作例

Section 05_**60**
遠近法ワープでつくる
断崖エフェクト
PHOTOSHOP CC
VARIATION
P.**209**
作例

Section 05_**61**
ワープ変形で円柱に
ロゴを巻きつける
PHOTOSHOP CC / CS6
ILLUSTRATOR CC / CS6
P.**210**
作例

Section 05_**61**
ワープ変形で円柱に
ロゴを巻きつける
PHOTOSHOP CC / CS6
ILLUSTRATOR CC / CS6
VARIATION
P.**213**
作例

Section 05_**62**
遠近法→ワープの
連続変形
PHOTOSHOP CC
P.**214**
作例

Section 05_**63**
バニシングポイントと
パスぼかしの相乗効果
PHOTOSHOP CC
ILLUSTRATOR CC / CS6
P.**216**
作例

Section 05_**63**
バニシングポイントと
パスぼかしの相乗効果
PHOTOSHOP CC / CS6
ILLUSTRATOR CC / CS6
VARIATION
P.**219**
作例

Section 05_**64**
カメラのオブジェを
ガラス瓶に入れる
PHOTOSHOP CC / CS6
P.**220**
作例

Section 05_**65**
広角補正フィルターで
クローム球体を作る
PHOTOSHOP CC / CS6
P.**226**
作例

Section 05_**66**
1枚の写真から
奥行きのある画を作る
PHOTOSHOP CC
P.**230**
作例

IMAGE INDEX
SECTION 05~SECTION 06

Section 06_**67**
雲模様フィルターで作る
「大きい雲」の合成表現
PHOTOSHOP CC / CS6

DESIGN LAB #1　　P.**240**
QUICK REFERENCE

Section 06_**68**
画像トレースでどこまで
イラストに近づけるか
PHOTOSHOP CC / CS6
ILLUSTRATOR CC / CS6

DESIGN LAB #2　　P.**244**
QUICK REFERENCE

Section 06_**69**
モザイクオブジェクトで
ピクセルアートに挑む！
PHOTOSHOP CC / CS6
ILLUSTRATOR CC / CS6

DESIGN LAB #3　　P.**246**
QUICK REFERENCE

Section 06_**70**
回転と合体で作る「花」を
Illustratorで描こう
ILLUSTRATOR CC / CS6

DESIGN LAB #4　　P.**250**
QUICK REFERENCE

Section 06_**71**
シルエットを単純化して
滑らかに仕上げる
ILLUSTRATOR CC / CS6

DESIGN LAB #5　　P.**254**
QUICK REFERENCE

Section 06_**72**
低彩度の写真に
手書きの強調線を描く
PHOTOSHOP CC
ILLUSTRATOR CC / CS6

P.**256**
作例

Section 06_**73**
レンズの合成と組み写真
PHOTOSHOP CC / CS6
ILLUSTRATOR CC / CS6

P.**262**
作例

Section 06_**74**
Illustratorで作る
72ppiの画像合成
PHOTOSHOP CC / CS6
ILLUSTRATOR CC / CS6

P.**266**
作例

Section 06_**75**
切り抜き写真の背景を
モザイクで「刻む」
PHOTOSHOP CC / CS6
ILLUSTRATOR CC / CS6

P.**272**
作例

Section 06_**76**
モザイクの応用編
ランダム・ドットパターン
PHOTOSHOP CC / CS6
ILLUSTRATOR CC / CS6

P.**277**
作例

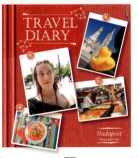

Section 06_**77**
デザイン素材を集めて
コラージュを作ろう
PHOTOSHOP CC / CS6
ILLUSTRATOR CC / CS6

P.**279**
作例

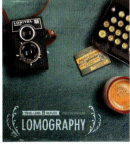

Section 06_**78**
俯瞰写真と影の
重厚なイメージ
PHOTOSHOP CC / CS6
ILLUSTRATOR CC / CS6

P.**282**
作例

ダウンロード

HOW TO DOWNLOAD
素材データ・完成データのダウンロード方法

本書で使用する素材データおよび完成データは小社Webサイト(本書のサポートページ)よりダウンロードできます。ダウンロードにはIDとパスワードを入力する必要があります。文字列は半角で入力してください。

Step 01

Webブラウザを起動し、以下のWebサイトにアクセスします。

https://gihyo.jp/book/2019/978-4-297-10419-1/

Step 02

Webサイトが表示されたら、「本書のサポートページ」をクリックしてください。

素材・完成データのダウンロード用ページが表示されます❶。「SECTION1〜3」、「SECTION4〜6」をまとめてダウンロードする方法 **A**、または各SECTIONごとにダウンロードする方法 **B** を選択できます。
ダウンロードするファイルの[**ID**]欄に「**PSDM**」❷、[**パスワード**]欄に「**psdmanu**」❸と入力して[**ダウンロード**]をクリックします。
※入力する文字は大文字と小文字を間違えないように注意して下さい。

❶ ▶ 本書のサポートページ
サンプルファイルのダウンロードや正誤表など

大きなSECTIONごとのダウンロード
ID ❷ PSDM
パスワード ❸ ●●●●●● [ダウンロード]
A Section_1_3.zip (1238MB)

Step 03

ダウンロードデータの保存方法

Windowsではファイルを開くか保存するかを尋ねるダイアログボックスが表示されるので、[**保存**]をクリックしてHDDの任意の場所に保存します。
macOSではダウンロードされたファイルは、自動解凍されて「**ダウンロード**」フォルダに保存されます。

各SECTIONごとのダウンロード
ID ❷ PSDM
パスワード ❸ ●●●●●● [ダウンロード]
B Section_1.zip (213MB)

ダウンロードの注意点

◎ Illustratorのデータは CC(CC 2018で保存したもの)と、CS6(CS6で再保存したもの)の2種類が一緒に入っています。

◎ 使用するWebブラウザの種類によっては、自動解凍されない場合や保存場所を指定するダイアログボックスなどが表示されない場合があります。

◎ 使用するWebブラウザの種類によっては上記の手順と異なる場合がありますが、基本的な流れは上記の通りです。

◎ 完成データはそれぞれZIP形式で圧縮しています。ダウンロードが終わっても自動解凍されない場合は個別に解凍してからお使いください。

DOWNLOAD
HOW TO DOWNLOAD

DOWNLOAD DATA
ダウンロードデータファイルについて

ダウンロードデータファイルはPSD、JPEG、AI形式で保存された完成確認用データと、写真素材など作例の制作に必要な素材をまとめた圧縮ファイルです。.aiデータはCC用とCS6用の2種類のデータが同じフォルダに入っています。

ダウンロードファイルを解凍

ダウンロードデータファイルをすべて解凍（展開）すると、「Section_1」から「Section_6」までの6つのフォルダが作成され、それぞれ紙面の「THE FIRST SECTION」から「THE 6TH SECTION」に対応した素材データ及び完成データが収録されます。

各セクションごとにまとめた素材・完成データファイル

収録データのフォルダイメージ

各「Section」フォルダ内には「作例番号名」のフォルダが入っており、「MAIN（VARIATION）」フォルダ内にはそれぞれ「SOZAI」、「FINISH」の2つのフォルダが内包されています。すべてのデータ名は作例番号と共通の数字を割り当てています。また、完成確認用データはファイル名の最初が「f」から始まっています。

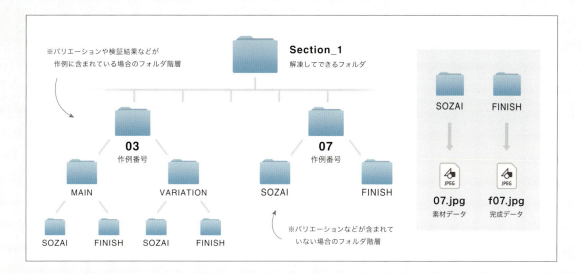

ダウンロードデータ（素材データ・完成データ）の注意点

◎ PSD形式でフィニッシュした完成データの中には、ファイル量の関係でJPEG形式で保存しているデータもあります。

◎ ダウンロードデータの著作権は著者に帰属します。これらのデータは本書作例の学習目的に限り使用することができますが、転載や再配布などの二次利用は禁止します。

◎ 「VARIATION1」、「VARIATION2」、「KOUKA」等、作例の課題内容に応じてフォルダ名が違う場合があります。

◎ 素材データ及び完成データはあくまでも学習用です。このファイルを使って商品化、デザイン化、配布、譲渡、販売、などは一切禁止いたします。

[本書の使い方]

HOW TO USE
6つのセクションとリファレンス／作例ページ

本書の構成

本書は Photoshop CC 2018 及び、Illustrator CC 2018で制作した作例をベースに、macOSで登場する操作パネルやダイアログ、アイコンなどを図版表記しながら、作例の制作手順やアプリケーションの使い方などを解説しています。

本書は6つのセクションで構成しています。主な内容は、写真の補正内容や画像調整を中心とした **THE FIRST SECTION**、レイヤーの基本的なテクニックを紹介する **THE SECOND SECTION**、ぼかし機能を使用した **THE THIRD SECTION**、複数の写真を合成する **THE 4TH SECTION**、変形をテーマに展開する **THE 5TH SECTION**、そしてデザインが課題の **THE 6TH SECTION** となっており、それぞれ6種類のテーマカラーを使って分類表記しています。

また、各セクションの先頭には、テーマに即したリファレンスページ (QUICK REFERENCE) を加えています。Potoshop や Illustrator の機能についての解説や、フィルター等の効果及び検証、作例に展開するための素材制作、制作手順を交えた解説など様々な角度からテーマについて触れています。作例ページを始める前にご一読ください。

※ **THE FIRST SECTION** から **THE THIRD SECTION** までは Photoshop 専用ページです。Illustrator はデザイン素材として **THE 4TH SECTION** から少しずつ登場してきます。

「操作一発」で写真のイメージを変化させてみよう

「レイヤー」を使った画像合成の基本テクニック

「ぼかし」効果でカッコイイ写真に仕上げよう

組み合わせの「合成術」で印象に残る写真を作ろう

写真を「変形操作」して景色を作り変えてみよう

Photoshop と Illustrator で作るデザインの詰め合わせ

特殊キーの読み替えについて

本書はmacOSとWindowsの両プラットホームに対応しています。Windows版をご使用の方は、右の表に従って特殊キーを読み替えて操作をしてください。本書はmacOSを使った操作をベースに Photoshop CC 及び Illustrator CC の画面ショットを使って解説していますが、Windowsでも同様の操作を行うことができます。OSやバージョンの違いによって各部名称や位置が異なる場合がありますが、操作方法が大きく異なる場合は本文の注釈にその都度違いを解説しています。

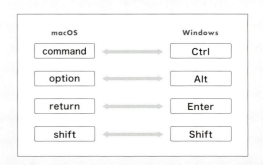

HOW TO USE
本書の使い方

❶ メニューバー
各種のパネルやダイアログを呼び出す多くの項目が格納されています。WindowsではPhotoshop CC／Illustrator CCの項目は編集メニューの中に含まれています。

❷ オプションバー ● コントロールバー ●
オプションバー（Photoshop）、コントロールバー（Illustrator）。選択したツールやオブジェクトの種類などによって表示する項目は変化します。各種パネルの内容もここに表示されます。

❸ ツールバー（ツールパネル） ●
クリックやドラッグ等、マウス操作で使用するツールが集約されています。右下に ◢ のあるツールは、ツールアイコンをプレスすると別窓が開いて関連するツールの種類を選ぶことが可能です。

❹ レイヤーパネル ●●
レイヤーの前後を入れ替えたり、レイヤーを個別に表示／非表示することができます。Photoshopではピクセルサムネール／マスクサムネールをクリックして編集内容を切り替えることができます。

❺ その他各種パネル ●●
メニューバーの**ウインドウ**から呼び出す各種パネルの他、ワークスペース内にもパネルがあります。パネルの右上からメニューを開いてオプション（メニュー）を表示することもできます。

❻ ダイアログボックス ●●
テキストエリアに数値を入力、またはスライダーを調整したり等、細かい設定を決めるためのウィンドウです。本書ではウィンドウを拡大、トリミングして必要部分を読みやすく表示しています。

[本書の読み方]

HOW TO READ
作例の制作ページに関する図版表記について

操作手順の記号表記・呼称の省略

作例ページの手順を読みながら、調整レイヤーの選択、色調補正のコマンドなど、本書ではメニューバーを使ったコマンドの表記に、「ファイル」や「編集」などのメニューから先を［→］、その先に続く操作を［▶］など、実際に行うアプリケーションの操作を本文中では記号を使って表記しています。また、ファイル→新規... などコマンドの語尾部分［...］、Camera Rawフィルターの［フィルター］、の呼称については基本、表記を省略しています。

表記例　レイヤー→新規▶レイヤー

ダイアログボックスなどの数値表記

本文中に図版の数値を表記していない場合は、図版の近くに設定値を表記してあります。数値やスタイルなどの種類によって効果が自由に変えられるものについては［:］で表現しています。また、ダイアログボックスやパネルなど設定値を入力するダイアログは初期設定値の表記を省略している場合があります。※環境設定を初期設定値にリセットする場合

shift + **option** + **command** キーを押しながら
Photoshop または Illustrator を起動します（P.020参照）。
Windowsは **Shift** + **Alt** + **Ctrl** キー

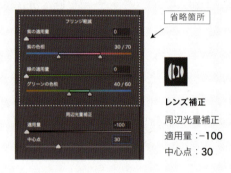

省略箇所

レンズ補正
周辺光量補正
適用量：−100
中心点：30

アイコンのイラスト化について

本書ではツールアイコンや「選択とマスク」などワークスペース内のアイコン、または「切り抜きツールの角度補正」などのカーソルの変化をイラスト化して解説に加えています。また、レイヤーパネルは、アイコンの近くに番号（❶などの囲み数字）を併記することでコマンド名を省略している場合があります。その他、画像調整タブを切り替えて操作するCamera Rawは、該当タブの項目名がわかるようにパラメーターの近くにタブアイコンを拡大配置してあります。

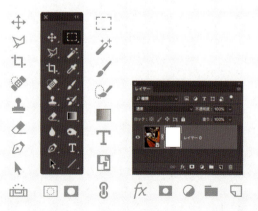

HOW TO READ
本書の読み方

作例の制作ページの読み方について

① 作例番号・タイトル
左が作例番号、ダウンロードフォルダと共通の番号です。右がタイトル、文字列の上には対応アプリケーションとバージョンを併記しています。リファレンスページは見出しの上にも併記しています。

② 素材番号
素材番号も作例番号、ダウンロードフォルダーと共通の番号です。番号名には[.jpg]、[.psd]、[.ai]などの拡張子が付いており、画像加工前の写真(ORIGINAL)やロゴの近くに併記してあります。

③ 編集中の画面状態
制作のステップごとに変化する画面の状態を表示しています。また、選択範囲やバウンディングボックス、ワープメッシュなど編集中の画面状態を図解で表示している場合もあります。

④ 制作手順の本文
ダイアログボックスを呼び出す方法など、作業の流れを番号順に解説しています。ダイアログに入力する数値を本文中に記載する場合もあるので、図版と併せて読み進めてください。

⑤ パネルやダイアログの状態
本文に沿って、操作中に呼び出す図版をポイントごとに表示しています。また、ダイアログボックスの設定値などは図版の近くに配置しています。読み取りやすいようにトリミングしている場合もあります。

⑥ メモ、バリエーションなど
本文の内容に関連するTIPSや、アプリケーションのバージョン・OSの違いなどで生じる問題のほか、素材写真を変えたバリエーションや検証結果などの追加情報を別枠として記載しています。

※ダイアログの設定値や項目の名称等は、Photoshop、Illustratorのマイナーアップデートで内容が変化することがあります。その場合、本書で記述しているダイアログの設定値とは少し異なる結果になります(色調が若干変わる場合があります)。予めご了承ください。

本書の読み方

HOW TO READ
作業をはじめる

RGB と 300ppi

本書はカラーモードを RGB、写真の画像解像度を 300ppi を前提に解説しています。また、本文中に使用するカラーの設定はすべて # から始まる**カラーコード**で表記しています。Photoshop ではカラーピッカー下部にあるテキストエリアにコード名を入力してカラーを指定します。Illustrator の場合はカラーパネルです。CMYK になっている場合、カラーパネルのオプションメニューから RGB に切り替えると、# がついたカラーコードのテキストエリアが表示されます。

※例
#ffffff
（カラーコード）

アプリケーション環境設定

本書では**環境設定▶(ユーザー)インターフェイス**を使って、カラーテーマの明るさが違う2種類の図版を使用しています。環境設定の操作は、メニューバーの Photoshop CC ／ Illustrator CC からダイアログを呼び出して設定します（Windows は編集メニューの中に含まれています）。ピクセル、ミリ、級などダイアログに入力する単位の切り替えは**環境設定▶単位**を使います。また、Photoshop の遠近法ワープ等の動作条件「グラフィックプロセッサー」は**環境設定▶パフォーマンス**を使って ON と OFF を設定します。

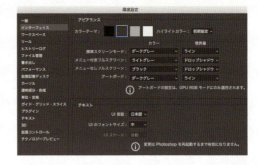

初期化／リセット

環境設定は指定の特殊キーを押しながら起動すればリセットすることができます（指定キーは **P.018** 参照）。Photoshop の場合、起動時に設定ファイルの削除について通知ウィンドウが開きます。ダイアログボックスの設定値を初期化する場合は **option（Alt）**キーを押すとキャンセルボタンが初期化に変わります。また、タブを解除する場合は**環境設定▶ワークスペース**（Illustrator は**ユーザーインターフェイス**）の「**タブでドキュメントを開く**」のチェックを外せば解除します。

※Illustrator は起動時の通知ウィンドウはありません。

HOW TO READ
本書の読み方

PHOTOSHOP CC
ツールバーで見当たらないツールは、予備ツールに格納されている

Photoshopの**ツールバー**に格納されているはずのツールが見つからない時は、❶を押して**予備ツール**から対象のツールをドラッグしてツールバーに移動しましょう。

❶を長押しして、**ツールバーを編集**を選択します。

※対象のツールが見つからない場合や、ツールバーに移動しない場合などPhotoshopの挙動がおかしい場合は、Photoshopの**初期化**を実行して初期設定値にリセットして下さい（左ページ下を参照）。

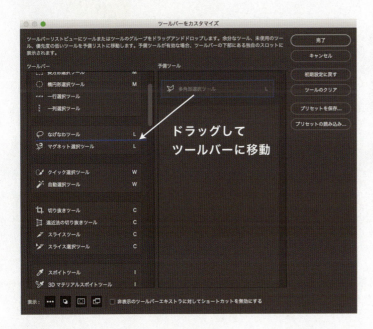

ドラッグしてツールバーに移動

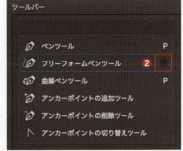

本書ではフリーフォームペンツールを使用しません。**ツールバーをカスタマイズダイアログ**のショートカット割り当てキー「**P**」を削除して**空欄**❷にしておくと、ペンツール／曲線ペンツールの切り替えが早くなります（P.150参照）。

操作の取り消しコマンド

		〜PHOTOSHOP CC 2018	PHOTOSHOP CC 2019 ILLUSTRATOR	〜PHOTOSHOP CC 2018、2019 ILLUSTRATOR
操作を連続して取り消す		macOS: option + command + Z Windows: Alt + Ctrl + Z	操作を連続して取り消す macOS: command + Z Windows: Ctrl + Z	操作を連続して戻す macOS: shift + command + Z Windows: Shift + Ctrl + Z
直前の操作を取り消す／戻す（1段階まで）		macOS: command + Z Windows: Ctrl + Z		

※ショートカットキーを使って操作を連続して取り消す場合、Photoshop CC 2018までは2つの特殊キー＋Zを押す必要がありましたが、Photoshop CC 2019からは、1つの特殊キー＋Z（Illustratorと同様の操作方法）を押す方法に変わりました。

THE FIRST SECTION

PHOTOSHOP IMAGE ADJUST

「操作一発」で
写真のイメージを変化させてみよう

PHOTOSHOP
Camera Raw

パース調整　　Camera Raw
プリセット　　Camera Raw
かすみの除去　Camera Raw
切り抜きツール
HDRトーン
ノイズとシャープ

色調やコントラストなど画像の補正に使う機能は、イメージメニューの色調補正や、再編集が可能な調整レイヤー、画像調整からレンズの歪みまで補正するプラグインのCamera Rawフィルターがあります。

このセクションはPhotoshopで構成しています。QUICK REFERENCEで簡単に予習をしてから実際に作例を使って学んでいきましょう。

PHOTOSHOP CC

JPEGやPSD保存の写真をCamera Rawで補正しよう

RAWデータ現像に使うフォトグラファー向けのツールからスタートしたCamera Raw。Photoshop CCでは、フィルター（メニュー）から簡単にCamera Rawにアクセスできます。

PHOTOSHOP CC
画像調整に特化したCamera Rawは洗練されたプラグインフィルター

Camera Rawには数多くの機能が格納されているので、簡単な補正内容であればワークスペース内で解決することができます。また、プレビュー画像を見ながら簡単に作業が行えるので効率が良く、調整方法も解りやすいので、本書の補正操作はCamara Rawを優先して扱っています。

> フィルター→Camera Raw フィルター

PHOTOSHOP CC
スマートオブジェクトを使えば画像調整をやり直せる

Camera Rawや色調補正コマンドで補正を行う場合、作業前にレイヤーをスマートオブジェクトに変換しておけば、画質劣化も少なく、後から再編集することができます。

> フィルター→スマートフィルターに変換

PHOTOSHOP CC / CS6
補正内容をレイヤーに「格納」する調整レイヤーは便利で手軽な補正機能

調整レイヤーは補正内容を再編集することができる便利なレイヤーです。**レイヤーメニュー**から調整内容を選択、または、**色調補正パネル**❶、**レイヤーパネル**❷のアイコン❸を使って調整レイヤーを作成します。レイヤーパネルの不透明度を使えば、調整の影響を減らすことができます。

> レイヤー→新規調整レイヤー

レイヤーパネルからフィルター名❶をダブルクリックすると、設定状態のままダイアログを再度開くことができます。

Memo
CS6でスマートオブジェクトから色調補正コマンドを使う場合、シャドウ・ハイライトとHDRトーンのみ選択できます。

PHOTOSHOP CC
Camera Rawワークスペース

補正前／補正後の画面の切り替え方法 Y

最初に「**フルスクリーンモードに切り替え**❶」と「**補正前と補正後のビューを切り替え**」を覚えましょう。切り替えアイコン❷をクリックすることで、縦割り／横割り／境界線の有無など、画面パターンが入れ替わります。画面の拡大／縮小は**ズームツール**❸とショートカットキーで切り替えます。

option ＋ クリック
WindowsはAlt ＋ クリック

THE FIRST SECTION
PHOTOSHOP IMAGE ADJUST

❶

❷

❸

❹

❺

❶ 基本補正
Photoshopの色調補正と同様に様々な補正が行えますが、Camera Rawでは写真に特化した繊細な補正が可能です。

❷ ディテール
シャープとノイズ除去に優れています。

❸ レンズ補正
周辺光量を手早く補正したい場合、本書ではトンネル効果のエフェクトに使用。

❹ 効果
こちらの周辺光量補正のほうが、より細かい設定が可能です。

❺ プリセット
▶(カテゴリー)の下層メニューには、一発変換のプリセットが格納。

Section 01_QUICK REFERENCE   025

PHOTOSHOP CC / CS6

カラー補正とパース調整は
実用的な自動補正

イメージ（メニュー）から選択する自動カラー補正やレンズのゆがみ補正、写真の傾きなど手早く操作できる自動補正は、作業の効率化にも有効な最初に使う手段です。

01
PHOTOSHOP IMAGE ADJUST

DOWNLOAD FOLDER No.01

PHOTOSHOP CC / CS6
手早く試すなら自動カラー補正

自動カラー補正は、補正を手早く試したい時に有効です。素材写真の状態によって補正結果は様々なので、直前の操作を取り消すショートカット❶を覚えておくと便利です。

イメージ→自動カラー補正
❶ command + Z　Windows は Ctrl + Z

ORIGINAL　01a.jpg

PHOTOSHOP CC / CS6
色調補正の自動補正

明るさ・コントラスト、レベル補正、トーンカーブにセットされている**自動補正**❶。調整レイヤーにもあります❷。自動補正を試した後に微調整するのもひとつの手段です。

イメージ→色調補正▶明るさ・コントラスト
レイヤー→新規調整レイヤー▶明るさ・コントラスト

PHOTOSHOP CC
Camera Raw の自動補正

Camera Raw の画像調整から**変形ツール**❶に切り替えた後、**自動**❷を実行すると、遠近法の補正が適用されて自動的に写真が変形します。

ORIGINAL　01b.jpg

PHOTOSHOP CC

2本のガイド軸を使って遠近法の傾きを補正する Camera Raw のガイド補正

Camera Rawの画像調整画面から**変形ツール**に切り替えた後、画面上の写真に対して縦や横のガイドを直接引くと、ガイド軸に応じて写真が変形します。広角レンズ特有の内側の傾きも、**ガイド補正**を使えば自動で修正が可能です。

Camera Rawを変形ツール❶に切り替えた後、**ガイド付き**❷を選択します。そのまま右下の**ルーペの表示**❸をオフにした後、建物の傾きに沿って**2**本以上のガイド❹をドラッグして引くと、自動的に写真が変形します。

※ルーペ表示状態でもガイド付き補正は動作します。

PHOTOSHOP CC / CS6

プリセットで一発変換
レトロ写真を簡単に作る

時間をかけずに写真の雰囲気を簡単に変更したい場合は、Camera Rawのプリセットがおすすめです。ここでは手軽に写真をビンテージ風に仕上げる方法を紹介します。

02

PHOTOSHOP IMAGE ADJUST

DOWNLOAD FOLDER No.02

PHOTOSHOP CC
① 一瞬でインスタ風のビンテージ調に

Camera Rawの**プリセット**を使えば、クリックひとつで簡単にビンテージ風の写真が出来上がります。しかも、プリセットの項目は組み合わせることが可能です。画像調整タブを切り替えれば、プリセットで決定した写真をベースに、細い調整を加えることができます。

Camera Rawのプリセットタブを選択して、プリセット項目を表示します。

ORIGINAL 02a.jpg

作例はプリセットのクリエイティブから**レッドリフトマット**❶とカーブの**クロスプロセス**❷を選択しています。

PHOTOSHOP CC / CS6

② クロスプロセスは
　　トーンカーブにも収められている

トーンカーブに収められているプリセットにも**クロスプロセス**があります。クロスプロセスはロモグラフィーで使う技法のひとつ。ロシアのフィルムカメラ発祥のトイカメラならではのグラフィックを再現します。

> イメージ→色調補正▶トーンカーブ

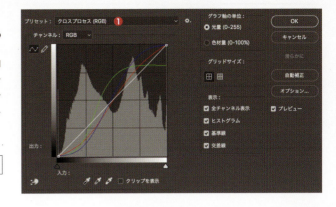

イメージメニューの色調補正から**トーンカーブ**を選択します。プリセットからプルダウンメニューを開いて、**クロスプロセス（RGB）**❶を選択します。

Memo...

クロスプロセスとは、ネガフィルム用の現像液でポジフィルムを現像する現像方法です。コントラストが強調された独特な色調をPhotoshopではトーンカーブのプリセットで再現しています。

③ **PHOTOSHOP CC**

3種類ラインナップされている**Camera Raw**の**周辺光量補正**を使えば、トイカメラのトンネル効果を追加することができます。
※左は**効果の周辺光量補正**（P.107参照）。

切り抜き後の周辺光量補正
ハイライト優先
適用量：**−100**
中心点：**30**
丸み：**−50**
ぼかし：**100**
ハイライト：**100**

PHOTOSHOP CC

かすみの除去で
写真を鮮明にしてみよう

Camera Rawの基本補正に入っている「かすみの除去」。
強めに調整することで、くすみのある写真もコントラストの
効いた濃厚なイメージに仕上げることができます。

03
PHOTOSHOP IMAGE ADJUST

DOWNLOAD FOLDER No.03

PHOTOSHOP CC

かすみの除去、彩度、露光量の調整で
ドラマチックに仕上げる

かすみの除去はCamera Rawの基本補正、調整スライダーの下段あたり
にあります。作例のように濃厚な発色に仕上げる場合は、かすみの除去
を中心に**彩度**と**露光量**を調整します。作例は右上の空にトーンジャンプ
が出現したので画像調整タブを**ディテール**に切り替えて、**ノイズ軽減**を
使って抑えています（P.036参照）。

ORIGINAL 03a.jpg

かすみの除去：-100（最低値）

かすみの除去：+100（最大値）

基本補正
露光量：+1.30
かすみの除去：+80
自然な彩度：+50
彩度：+65

ノイズ軽減
輝度：50
輝度のディテール：50
輝度のコントラスト：0
カラー：100
カラーのディテール：50
色の滑らかさ：100

PHOTOSHOP CC

夜景の空をドラマチックに仕上げてみよう

鉄格子からレンズを突き出して撮影した夜景写真。左側の作例と同様に、かすみの除去と彩度を強めに調整すると、濃厚な色彩と強いコントラストが効いた写真に仕上がります。

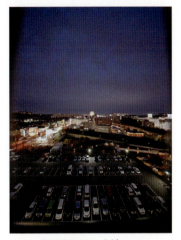
ORIGINAL 03b.jpg

かすみの除去：−100（最低値）

かすみの除去：＋100（最大値）

基本補正のかすみの除去に、彩度を効かせて、露光量で明るく調整すると色彩を上げることができます。

基本補正

露光量：＋1.20
かすみの除去：＋50
自然な彩度：＋50
彩度：＋25

PHOTOSHOP CC / CS6

角度補正と塗りつぶしを切り抜きツールで行う

Photoshop CC 2015以降に機能が増えた切り抜きツール。角度補正や、画像サイズの拡張時に発生する画面の空白領域を自動で埋める便利な拡張機能を試してみましょう。

04
PHOTOSHOP IMAGE ADJUST

DOWNLOAD FOLDER No.04

PHOTOSHOP CC

「角度補正」と「コンテンツに応じる」をチェック
あとは切り抜きツールで画面上をドラッグするだけ

切り抜きツール❶を選択して、画面全体に切り抜き範囲を表示させます。コントロールバーの**角度補正**❷と**コンテンツに応じる**❸をチェック後、画面上をドラッグして水平の基準線を引きます❹。

すると、基準線に沿って角度が補正され、空白部分が表示されます。このまま**return**（または**Enter**）キーで確定すると空白領域が自動で塗りつぶされます。空白領域の再現は必要に応じて修正しましょう。

ORIGINAL 04a.jpg

自動で塗りつぶし　　　　　　自動でトリミング

PHOTOSHOP CC / CS6

写真の傾きを補正して自動でトリミングする

コントロールバーの角度補正だけをオンにした状態で（コンテンツに応じるはオフ）切り抜きツールをドラッグすると、補正角度に合わせて切り抜き範囲が自動的に縮小します。不必要な部分を自動でトリミングするので、用途次第ではこちらも実用的な機能です。

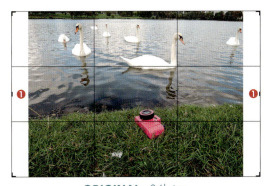

ORIGINAL　04b.jpg

PHOTOSHOP CC

カンバスを拡張して塗りつぶす

「**コンテンツに応じる**」と、「**切り抜きツール**」を組み合わせてカンバスを自由に拡張することもできます。**option**（**Alt**）キーを押しながら切り抜き範囲のハンドル❶を外側にドラッグすれば、左右（または天地）のカンバスを均等に拡張することができます。

ORIGINAL　04c.jpg

PHOTOSHOP CC / CS6

HDRトーンのプリセットを合成して調子を薄める

05
PHOTOSHOP IMAGE ADJUST

DOWNLOAD FOLDER No.05

32bitのレンジ幅を持つHDR画像（ハイダイナミックレンジ）を8bitで擬似表現するのがHDRトーン。表現力が濃厚なHDRに、元画像を合成して、硬調なイメージを薄めてみましょう。

HDRの世界観を簡単に再現できるプリセット

HDRの世界観を簡単に作り出せるのがHDRトーンのプリセット。写真によっては調整で十分な場合もありますが、**8bit**の擬似表現なので選択に失敗すると奇抜な印象が残ってしまうのが難点です。そこで、加工前の写真を合成してHDRのイメージを弱めることにします。ここでは2種類の写真を使ってHDRトーンのプリセットを検証します。

> イメージ→色調補正▶HDRトーン

ORIGINAL　05a.jpg

① 元画像は最初にコピーしておこう

選択範囲（メニュー）から**すべてを選択**を実行後、「背景」をコピーします。次に、選択範囲（メニュー）から**選択を解除**を実行後、**HDRトーン**を開いてプリセットから**フォトリアリスティック（高コントラスト）**❶を選択します。
このままでも**HDR**の世界観が十分再現できていますが、元画像を合成して硬調な調子を薄めてみましょう。

❶ プリセット
フォトリアリスティック
（高コントラスト）

Memo...

HDRトーンはレイヤー状態、選択範囲が表示している状態では実行できません。

② HDRトーンを元画像と合成する

背景をペースト後、レイヤーパネルの**不透明度**を落とします。作例は不透明度を**50%** ❶ で合成。**HDR**のシャープなコントラストが程よく残って落ち着いた感じに仕上がりました。

③ HDRトーンの"たそがれ時の街"を試してみる

右の写真は**たそがれ時の街**（**HDR**トーンのプリセット）を選択しただけで、空と山がきれいに抜けました。プリセットのままだと暗いので、作例は**トーンとディテール**❶を調整して明るく仕上げました。

ORIGINAL 05b.jpg　Photo by Márton Erős

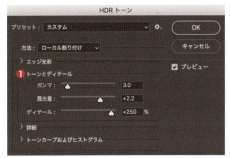

❶ プリセット：たそがれ時の街

HDRトーン （参考値）
トーンとディテール
ガンマ：3.0
露光量：+2.2
ディテール：+250%

※参考値はPhotoshop CC用です。

PHOTOSHOP CC / CS6

ノイズリダクションと
アンシャープマスク

写真の画質は補正回数に応じて少しずつ劣化します。ノイズが残っている写真は劣化速度も早いので注意が必要。ここではピンボケを補正するシャープネスを含めて、写真を綺麗に仕上げるための「ノイズ」と「シャープ」について考えてみましょう。

06
PHOTOSHOP IMAGE ADJUST

DOWNLOAD FOLDER No.06

PHOTOSHOP CC
Camera Raw の
ノイズ軽減効果

薄暗い写真を明るくしたり、淡い色彩のトーンを引き上げたりすると画像に隠れたノイズやトーンジャンプが出現する確率が高くなります。ノイズが出現した場合は Camera Raw の画像調整タブを「**基本補正**」から「**ディテール**」に切り替えて、ノイズとシャープの調整を行いましょう（P.025）。

Camera Raw の**シャープ**は写真の輪郭を整えるだけの自然なシャープです。強くかけるとノイズが発生するので、**ノイズ軽減**とセットで使用する方法がベストです。モニターで拡大するとノイズに気を取られてしまいますが、ノイズ除去が強いと構造物や被写体のディテールが徐々に損なわれていくのでプレビュー画面で全体を監視しながら補正しましょう（P.024）。

PHOTOSHOP CC / CS6
CS6で使うなら ノイズを軽減フィルター

フィルターメニューにも「**ノイズを軽減**」があります。右下は Camera Raw のノイズ軽減に合わせて調整した結果です。「**ノイズを軽減**」のダイアログは Camera Raw の簡易版のような印象ですが、素材の状態によってはこちらのほうが効果が高くなる場合もあります。目立つノイズが出てきそうな予感がしたら、早めにノイズの除去をしておきましょう。

フィルター→Camera Raw フィルター

フィルター→ノイズ▶ノイズを軽減

ORIGINAL　06a.jpg

Camera Raw（ノイズ軽減）

輝度：50 のみ　（参考値）

ノイズを軽減

強さ：10　ディテールを保持：5%（参考値）

※参考値はPhotoshop CC用です。

写真のピンボケ部分をキリっと締めるのはスマートシャープとアンシャープマスク

RAWデータの現像が目的で開発された**Camera Raw**。シャープの効果もカメラ内部で行うようなナチュラルな調整に抑えています。対してスマートシャープやアンシャープマスクは**Photoshop**の専用コマンド。ピンボケを修正したり、構造物などのエッジを引き立てる時の仕上げには最適な効果が期待できます。

PHOTOSHOP CC / CS6

スマートシャープは
やさしくすっきり仕上がるのが特徴

全体的にシャープがかかるアンシャープマスクと比べると、輪郭がシャープに効くのがスマートシャープ。CC以降のアップデートでバランスが良くなったので、文字など繊細なシャープが必要な場合におすすめです。写真にシャープを使う場合は、画質劣化を防ぐために保存前の最後に適用しましょう。

> フィルター→シャープ▶スマートシャープ

PHOTOSHOP CC / CS6

アンシャープマスクは
エッジ沿いのコントラストを強調する

画像のエッジ沿いにコントラストを強調して、画像をシャープにするのがアンシャープマスクです。スマートシャープよりコントラストが強く、効き方も強いので印刷用途におすすめ。こちらも、写真にシャープを使う場合は、画質劣化を防ぐために保存前の最後の仕上げに使いましょう。

> フィルター→シャープ▶アンシャープマスク

ORIGINAL 06b.jpg

スマートシャープ
量：200　半径：3.5　ノイズを軽減：15（参考値）
※参考値はPhotoshop CC用です。

アンシャープマスク
量：135　半径：3.0　しきい値：0（参考値）
※参考値はPhotoshop CC用です。

THE FIRST SECTION 作例 START ▶

07
PHOTOSHOP IMAGE ADJUST

DOWNLOAD FOLDER No.07

PHOTOSHOP CC
Camera Rawの基本補正でレトロを作る

ORIGINAL 07.jpg

リファレンスが終わり、ここから作例ページがスタートします。Camera Rawの基本補正はダイアログの上から順に調整するだけで、イメージを大きく変えることができます。さらに周辺光量補正を追加すると、味のあるレトロな雰囲気を写真に加えることができます。

Memo...

周辺光量のコントロールをもっと細かく調整したい時は、Camera Rawの「効果」にある切り抜き後の周辺光量補正、自然に落としたい場合はレンズ補正の周辺光量がおすすめです。

1 Camera Rawの基本補正を操作

フィルター→Camera Rawフィルターを選択してワークスペースを開き、基本補正のスライダーを上から順に調整します。

基本補正
色温度：−10
色かぶり補正：−30

露光量：＋0.85
コントラスト：＋40
ハイライト：0
シャドウ：＋8
白レベル：＋25
黒レベル：−25

明瞭度：＋25
かすみの除去：＋30
自然な彩度：−15
彩度：＋40

2 周辺光量補正で写真の四隅を暗くする

ワークスペースの画像調整タブを**レンズ補正**に切り替えた後、ダイアログの最下段にある**周辺光量補正**の適用量と中心点を左側にドラッグして写真の四隅を暗く落とします。

レンズ補正
周辺光量補正
適用量：−100
中心点：0

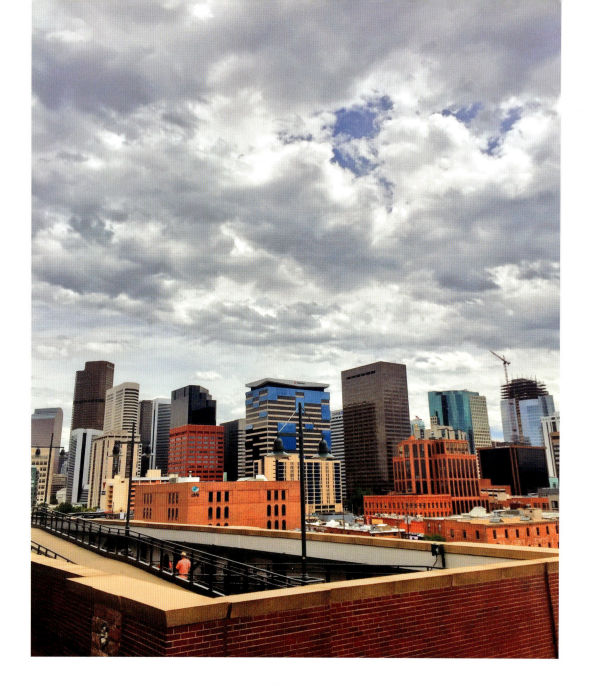

ORIGINAL 08.jpg

08

PHOTOSHOP IMAGE ADJUST

DOWNLOAD FOLDER No.08

PHOTOSHOP CC / CS6

シャドウ・ハイライトで
暗い写真を明るく補正

暗い写真の補正に特化したシャドウ・ハイライト。影の部分を残しつつ色彩や中間調もカバーできるので、暗い写真はこの機能だけで十分明るく補正できます。

逆光と色あせに強い
シャドウ・ハイライトは
詳細オプションの操作で決まる

イメージ→色調補正▶シャドウ・ハイライトを開いたら、詳細オプションを表示してパネルを拡張しましょう。シャドウの「**量**」は拡張前と同じ効果、階調の「**幅**」はシャドウの領域を拡張します。「**半径**」はコントラストの調整。この3つのスライダーを操作すれば、違和感なく暗い写真を明るく補正することができます。

素材写真（08.jpg）から明るさを1段階アップ

素材写真（08.jpg）から明るさを2段階アップ

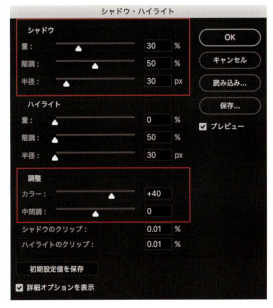

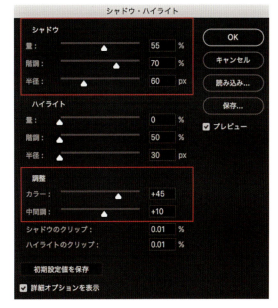

シャドウ
量：30%　階調：50%　半径：30 px

調整
カラー：+40　中間調：0　　※ハイライト　量：0

シャドウ
量：55%　階調：70%　半径：60 px

調整
カラー：+45　中間調：+10　※ハイライト　量：0

09

PHOTOSHOP IMAGE ADJUST

DOWNLOAD FOLDER No.09

PHOTOSHOP CC

Camera Rawの
プリセットを使おう

ORIGINAL 09.jpg

プリセットパターンを自由に組み合わせることができるCamera Rawのプリセット。効果名にカーソルを合わせると、プレビュー画面も一緒に変化するので結果を確認しながら作業が行えます。用意されているプリセットパターンは色調補正以外に、周辺光量補正やシャープ、粒子までラインナップされています。

THE FIRST SECTION
PHOTOSHOP IMAGE ADJUST | 09

クリエイティブ▶クールライト

カーブ▶フラット を追加

周辺光量補正▶強 をさらに追加

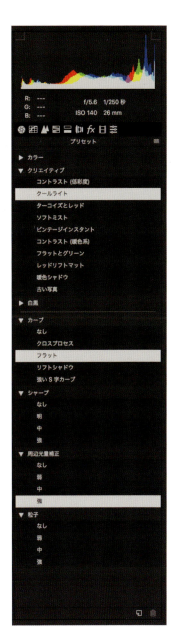

プレビューを見ながら
クリックするだけでOK

フィルター→Camera Rawフィルターからワークスペースを立ち上げて、**プリセット**に変更後、プレビュー画面を見ながら効果名を順番にクリックして追加するだけで完了します。

10

PHOTOSHOP IMAGE ADJUST

DOWNLOAD FOLDER No.10

PHOTOSHOP CC

Camera Rawの
プリセットに追加補正

Camera Rawのプリセットで決めたイメージをもとに、基本補正を使って追加調整します。
プリセットから別タブの補正効果を組み合わせて、補正のレベルを上げてみましょう。

最初に Camera Raw のプリセットを決めてから、基本補正で追加調整する

ORIGINAL 10.jpg

プリセット

基本補正

プリセット
クリエイティブ
コントラスト（低彩度）

カーブ
クロスプロセス

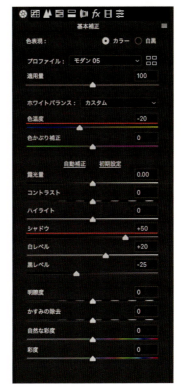

基本補正
色温度：−20
色かぶり補正：0

露光量：0
コントラスト：0
ハイライト：0
シャドウ：+50
白レベル：+20
黒レベル：−25

フィルター→Camera Raw フィルターの画像補正タブを**基本補正**から**プリセット**に切り替えた後、プリセットの効果名を2つクリックして効果を確定します。

低彩度の褪せた色合いを強調するため、画像補正タブを**基本補正**に戻した後、色温度を−20、シャドウを＋50に調整して仕上げます。

11

PHOTOSHOP IMAGE ADJUST

DOWNLOAD FOLDER No.11

PHOTOSHOP CC / CS6
HDRトーンの効果は
雨の日に真価を発揮する

ORIGINAL 11a.jpg

雨に濡れた路面をリアルに再現したい場合、最も適しているのがHDRトーンです。リファレンスではHDRのプリセットを使用しましたが、ここではHDRのトーンとディテールを中心にダイアログを調整して、濡れた路面の質感を再現してみましょう。

気性の荒いHDRトーン、調整の基本は
トーンとディテール、そしてハイライト

HDRトーン（**イメージ→色調補正▶HDRトーン**）は、調整のコツを掴めばハンドリングも容易に行えます。ポイントは4つのスライダー。作例の場合、白く飛びがちな雨の日の空をハイライトで抑えながら、トーンとディテールを調整してHDRのリアルな世界観を再現しています。

※参考値はPhotoshopCC用です。

HDRトーン （参考値）
トーンとディテール
ガンマ：3.8
露光量：−1
ディテール：+150%

詳細
ハイライト：−25%

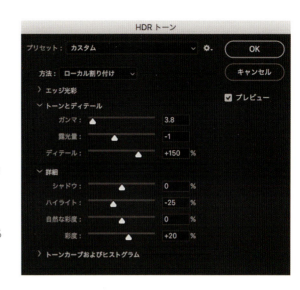

Variation...
雨に濡れたアスファルトにも
HDRトーンは有効

雨の日のアスファルト道路に**HDR**の効果を試してみました。作例は白飛びしやすい空と写真全体のコントラストを抑え込むように調整しています。

HDRトーン （参考値）
トーンとディテール
ガンマ：3.3
露光量：−0.1
ディテール：+65%

詳細
ハイライト：−35%
彩度：−10%

ORIGINAL 11b.jpg

※参考値はPhotoshopCC用です。

12

PHOTOSHOP IMAGE ADJUST

DOWNLOAD FOLDER No.12

PHOTOSHOP CC

露出不足の暗い写真を明るく明瞭化する

露出不足で暗い写真をCamera Rawで明るく補正します。自動補正、明瞭度、かすみの除去の3セットを使ってエフェクトが効いた迫力のある写真に仕上げましょう。

ORIGINAL 12.jpg

Camera Rawの自動補正の後は
明瞭度とかすみの除去でドラマチックに仕上げよう

フィルター→Camera Rawフィルターからワークスペースを立ち上げて、基本補正の中央付近にある**自動設定**❶をクリックします。露出不足の写真が明るく補正された段階で、**明瞭度**と**かすみの除去**のスライダーを右に動かすと周辺光量が強調されて写真が鮮明に変化します。

❶

明瞭度：＋85
かすみの除去：＋60

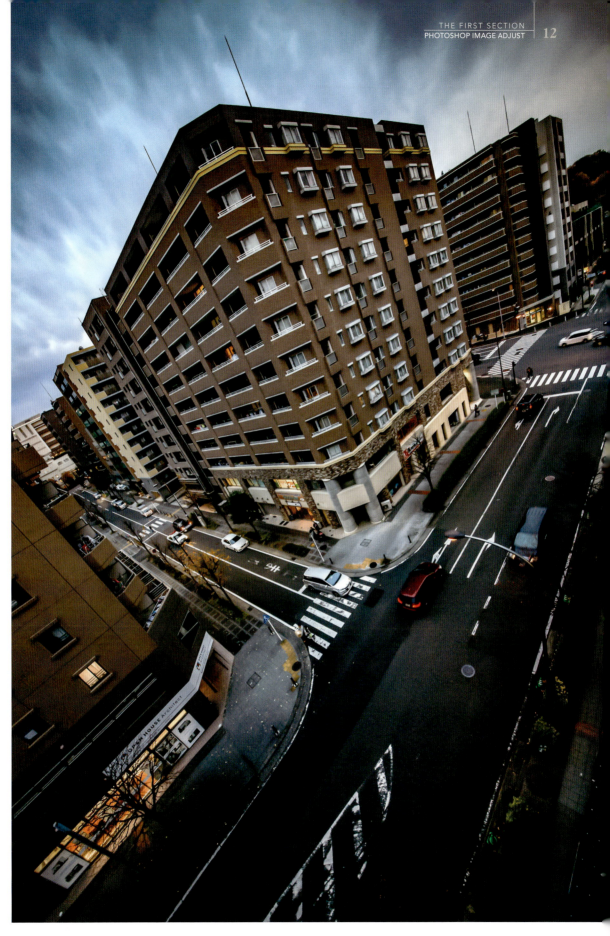

13

PHOTOSHOP
IMAGE ADJUST

DOWNLOAD
FOLDER No.13

遠近法のガイド補正とシャドウ・ハイライト

PHOTOSHOP CC

広角レンズの影響で内側に傾いた建物と日陰の写真を補正します。P.027で紹介したCamera Rawのガイド補正とシャドウ・ハイライトを使って2つの問題を一気に解決しましょう。

ガイド補正（横幅）とシャドウ・ハイライト（明るさ）それぞれのオプションを使って、一段上の補正をしよう

フィルター→Camera Rawフィルターを起動、ワークスペースを**変形ツール／ガイド付き**❶の状態にします。3本のガイド軸を使って建物を垂直に補正後、横比率を最大値まで使って細長くなった写真を変形します（ガイド補正の使い方はP.027を参照）。次に、**切り抜きツール**❷を使って台形になった写真を長方形にトリミング後、**イメージ→色調補正▶シャドウ・ハイライト**❸のダイアログを操作して日陰の影響で暗くなった部分を明るく、それに合わせて色調と明るさを補正して仕上げます。

ORIGINAL 13.jpg

❶ ガイド補正　　※右下のルーペはオフにします。

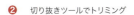

❷ 切り抜きツールでトリミング

❸ シャドウ・ハイライトで補正

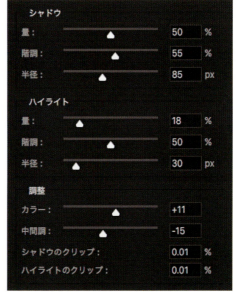

シャドウ
量：50%
階調：55%
半径：85 px

ハイライト
量：18%
階調：50%
半径：30 px

調整
カラー：+11
中間調：−15

14

PHOTOSHOP IMAGE ADJUST

DOWNLOAD FOLDER No.15

PHOTOSHOP CC 2015.5〜
ゆがみフィルターの顔立ち調整機能

顔ツール

ゆがみフィルターの顔立ち調整は顔の特徴を調整する機能です。ワークスペースの画面を「顔ツール」で操作するだけで、簡単に表情を作り変えることができます。また、作例のように正面だけではなく横顔まで操作できてしまうので、微妙な表情の変化や、顔の輪郭をきりっとさせたい時などに有効なフィルターです。

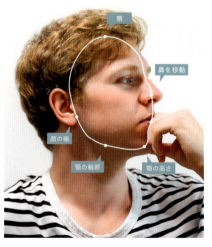

ORIGINAL 14.jpg

Memo...

環境設定でPhotoshopのグラフィックプロセッサーが「有効」になっていないと、顔立ち調整機能は動作しないので注意しましょう。

調整量は行き過ぎない程度の変化で抑えてくれるので安心して加工できる

フィルター→ゆがみを選択して、専用のワークスペースを開きます。フィルターが「顔」を認識してくれれば、後はワークスペースに表示される変化ハンドルを「**顔ツール**」で操作するだけで簡単に表情を作り変えることができます。また、フィルター側で変化量を抑えてくれるので、不自然になることもなく、ハンドルの移動量に応じて顔全体が変化するので時間をかけず簡単に調整することができます。

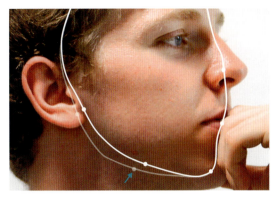

顎の輪郭（顔全体が変化）

笑顔（口角を調整）

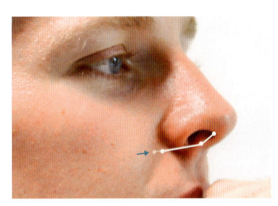

鼻の幅（調整量が少ない）

※写真内の顔が自動識別されると、顔を囲むように白い線が表示します。

ORIGINAL 15.jpg

15

PHOTOSHOP IMAGE ADJUST

DOWNLOAD FOLDER No.15

PHOTOSHOP CC / CS6

照明効果が生み出す
光と影の演出方法

舞台装置を思わせる独特なワークスペースで、光と影をコントロールする照明効果フィルター。ここではオレンジ色に彩色したスポットライトを照射するイメージで、周辺光量補正では再現不可能な光と影の濃厚な情景を生み出します。使用するライトはスポットライトのみ。外側の楕円をドラッグして照射される光の位置を決めてから、属性パネルのスライダーで光を調整します。

THE FIRST SECTION
PHOTOSHOP IMAGE ADJUST 15

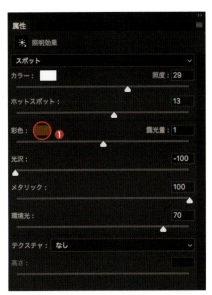

スポットライト
照度：29
（カラー：白）
ホットスポット：13
露光量：1
（彩色は下図参照）
光沢：−100
メタリック：100
環境光：70

彩色
H：40°
S：81％
B：40％

※彩色 ❶ をクリックしてカラーピッカーを開く。

照明効果は画面表示を小さくして舞台を整えてから立ち上げる

画面表示を小さくしてアートボードの面積を広く表示した状態にしてから、**フィルター→描画▶照明効果**を実行します。最初は、上図の形状を参考に外側の楕円ハンドルを操作して、照射する光の位置を調整しましょう。

次に**環境光**と**彩色**を設定します。**ホットスポット**は画面内側の円と連動するぼかし量のイメージです。照度と露光量を調整して明るさを調整すれば完成です。照明効果は明るさを強めに設定したほうが、効果的に仕上がります。

Section 01_15   055

16

PHOTOSHOP IMAGE ADJUST

DOWNLOAD FOLDER No.16

ORIGINAL 16a.jpg　Photo by Márton Erős

ORIGINAL 16b.jpg

PHOTOSHOP CC / CS6

ソース画像を使って
写真の色味を補正する

別の写真のカラーを使って色調を補正する「カラーの適用」は、写真の色味を簡単に変えることができる便利なコマンドです。補正対象の写真には存在しないカラーをソース写真から抽出するため、合成感覚で色調を補正できます。作例のように色数が少ない写真は同様のソース写真を使うことで簡単に色味を変えることができます。

補正対象とソース写真を開いてからソースを選択する

最初に補正対象になる写真（16a.jpg）とソース写真（16b.jpg）を開きます。補正対象を表示した状態から**イメージ→色調補正▶カラーの適用**を選択してダイアログボックスを開きます。ダイアログのソースを16b.jpgに選択後、「輝度」、「カラーの適用度」、「フェード」を調節して、色調を合成するようなイメージで補正します。「色かぶり補正」は自然な調整が行えなくなるので作例では使用しませんでした。

画像オプション
輝度：12
カラーの適用：42
フェード：15

Variation...
美しい夕景写真にオレンジの色味を加える

写真を変えて「カラーの適用」を使ってみました。オレンジ色の写真をソースに使うと、対象写真の運河や空をオレンジに染めることができました。

輝度：150
カラーの適用：200
フェード：90

ORIGINAL 16c.jpg

ORIGINAL 16d.jpg

17

PHOTOSHOP IMAGE ADJUST

DOWNLOAD FOLDER No.17

PHOTOSHOP CC／CS6

出たトコ勝負の一発作成
Photomergeの自動合成

複数の写真をつなぎ合わせて、パノラマ写真を自動で作成するPhotomerge。写真が重なる部分は40%の領域、同じ位置から水平に撮影するのが基本です。作例のようにパノラマを意識しないで撮影した写真はエラー対象ですが、「なにが起こるかわからない」ことに挑戦するのも面白いかもしれません。

ORIGINAL 17a.jpg

ORIGINAL 17b.jpg

ORIGINAL 17c.jpg

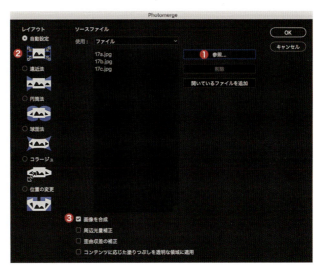

Photomerge
レイアウト：自動合成
画像を合成：ON

同じ色調の写真を揃えたい場合は「カラーの適用」を使おう

ファイル→自動処理▶Photomergeを選択して、ダイアログを開きます。ソースはフォルダかファイルを選ぶことができるので「**参照**❶」を押して、対象の写真を選択します。レイアウトを**自動合成**❷に設定して**画像合成**❸をチェックすれば、自動で作業してくれるので結果を待つだけです。作例は**カラーの適用**（P.057）を使って、色調を統一した写真を使用しました。

THE SECTION SECOND

PHOTOSHOP LAYER BASICS
「レイヤー」を使った画像合成の基本テクニック

PHOTOSHOP

レイヤーパネル・描画モード
調整レイヤー
塗りつぶしレイヤー
レイヤースタイル
レイヤーマスク

画像合成はレイヤーの知識量が重要です。このセクションではレイヤーパネルの操作方法から、レイヤーマスク、調整／塗りつぶしレイヤーの使い方、合成結果を左右する描画モードの種類まで、レイヤーに関係する知識を再確認しましょう。

このセクションはPhotoshopで構成しています。QUICK REFERENCEでレイヤー合成の基本テクニックを予習してから、作例ページへ進みましょう。

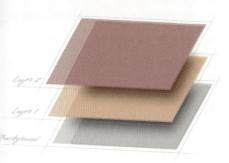

PHOTOSHOP CC / CS6

合成結果を左右する
Photoshopのレイヤー知識

Photoshopには、Illustratorで使うオブジェクトの重ね順という概念が存在しません。Photoshopで画像レイヤーを重ねる場合、重要な役割を担うのがレイヤー構造とマスクの関係なのです。

PHOTOSHOP CC / CS6
レイヤーの種類とアイコンを
レイヤーパネルで確認

レイヤーには背景の複製レイヤー❶や、新規レイヤー❷など重ねる意味合いを持つレイヤーと、レイヤー階層に影響を与える調整レイヤー❸、塗りつぶしレイヤー❹のほか、特定のレイヤーに効果を与えるレイヤースタイル❺、レイヤーマスク❻、あとから調整が可能なスマートオブジェクト❼など様々な種類が存在します。

| ❶ | command + J　Windowsは Ctrl + J |

PHOTOSHOP CC / CS6
背景のレイヤー化と
レイヤーを背景に戻す方法

背景は透明化されないので、消しゴムツールで背景の画像を消していくと**背景色**❶が現れます。背景をレイヤー化する方法は、レイヤーパネルのサムネール❷をダブルクリックします。逆に最下層のレイヤーを背景に戻すにはレイヤーメニュー❸を使って**レイヤーから背景へ**戻します。

| ❸ | レイヤー→新規▶レイヤーから背景へ |

PHOTOSHOP CC / CS6
レイヤーをグループ化する

レイヤーをグループ化する方法は、**shift**キーを押しながら背景以外のレイヤーを複数選択後、レイヤーメニューから**レイヤーをグループ化**❶を実行します。

| ❶ | command + G　Windowsは Ctrl + G |

PHOTOSHOP CC / CS6

レイヤーパネルの機能と描画モードの合成検証

18
PHOTOSHOP LAYER BASICS

DOWNLOAD FOLDER No.18

描画モードの選択や、不透明度の調整など、普段なんとなく感覚でレイヤーパネルを操作していませんか？ ここで一度、使用頻度の高い機能について再確認してみましょう。

PHOTOSHOP CC / CS6
レイヤーパネルで使用頻度の高い8つの機能

画像合成に使うのが**描画モード**❶と**不透明度（塗り）**❷。効果の確認に使う**レイヤーの表示／非表示**❸。よく使う項目の中で、便利なのが**レイヤーマスクの追加**❹、**塗りつぶしまたは調整レイヤーを新規作成**❺、**新規レイヤーの作成**❻と**レイヤーの削除**❼です。また、レイヤーの透明部分を塗りつぶさないようにする**透明ピクセルをロック**❽などがあります。

PHOTOSHOP CC / CS6
不透明度と塗りの違い　ORIGINAL 18a.jpg

不透明度と**塗り**はレイヤー画像を透過します。レイヤー全体を透過するのが**不透明度**❶、レイヤー効果以外に影響を与えるのが**塗り**❷です。　例えば下図のようにレイヤースタイルでシャドウの効果を残す場合、塗りの不透明度を下げると違いがよくわかります。また、覆い焼き（カラー）など描画モードの特性によって不透明度と塗りの差が明確に出る場合もあります。

不透明度❶を下げた状態

塗り❷を下げた状態

画像レイヤーにレイヤースタイルのシャドウ（内側）を適用後、**不透明度を50％に下げた状態**。不透明度はレイヤー全体に影響します。

画像レイヤーにレイヤースタイルのシャドウ（内側）を適用後、**塗りを50％に下げた状態**。画像（ピクセル）だけが透過します。

PHOTOSHOP CC / CS6
描画モードの効果を検証する
（同じ写真を重ねた場合）

描画モードの特性は感覚的でも良いので理解しておきましょう。**不透明度**や**塗り**の調整で、ある程度の結果が予測できるようになるのがベストです。ここでは比較的、使用頻度の高いモードの特徴を主観で解説します。

ORIGINAL 18b.jpg

乗算　不透明度100%

色が重なる部分を掛け合わせるだけなので合成結果を予測しやすいモード。浅い色彩の写真を自然な感じで濃くしたい時には重宝します。

焼き込みリニア　不透明度100%

不透明度を少し足すだけで、ガツンと黒が効くモード。コントラストを効かせて黒くしたい時は焼き込みカラーと塗りがおすすめです。

オーバーレイ　不透明度100%

コントラストが鮮やかに、べったり出るモードです。グレーを起点に明るい部分はより明るく、暗い部分はより暗くなります。

スクリーン　不透明度100%

クセのない優しい明るさを求める時に使うのがスクリーン。写真合成の場合は、覆い焼きを追加してガツンと明るくする方法もあります。

覆い焼きカラー　不透明度100%

重ねる色が明るくなる程コントラストが刺激的に強くなるモード。このまま全体に明るさが増すのが覆い焼き（リニア）です。

ソフトライト　不透明度100%

オーバーレイより柔らかい刺激が欲しい時に使うのがソフトライト。逆にコントラストが強く出るのがハードライトです。

Memo...

PHOTOSHOP CC / CS6

加工で悩んだ時は
ヒストリーパネルで途中経過ファイルを作ろう

ヒストリーパネルを使って、加工前と加工後を確認する方法もありますが、途中経過ファイル❶を作成する方法もおすすめです。新たに作成したファイルを統合して加工中のレイヤーの最上段にペーストすれば、レイヤーの表示／非表示を使うことで簡単に効果の確認ができます。

PHOTOSHOP CC / CS6

調整レイヤーと
塗りつぶしレイヤーの効果

色調補正のコマンドを無制限にやり直せる調整レイヤー、調整可能なグラデーションやパターンを追加できる塗りつぶしレイヤー、この２種類のレイヤーの効果を検証してみましょう。

19
PHOTOSHOP LAYER BASICS
DOWNLOAD FOLDER No.19

PHOTOSHOP CC / CS6
調整レイヤーで合成する
レンズフィルターの効果

調整レイヤーはレイヤーメニューの**新規調整レイヤー**、**色調補正パネル**❶、**レイヤーパネル**❷から各項目を選択して **属性パネル**❸で調整します。ここでは調整レイヤーの中から、**レンズフィルター**を選択してプリセットカラーの合成効果を検証します。

❶

❷

❸

ORIGINAL 19a.jpg
Photo by Márton Erős

◀使用フィルターは**マリンブルー**、適用量は60％輝度を保持を使用。

▶使用フィルターは**暖色系**（85）、適用量は50％、輝度を保持を使用。

PHOTOSHOP CC / CS6
塗りつぶしレイヤーで合成する
線形／円形グラデーションの効果

塗りつぶしレイヤーはレイヤーメニューの**新規塗りつぶしレイヤー**または**レイヤーパネル**❶の**べた塗り**、**グラデーション**、**パターン**から目的の項目を選択して、専用のパネルで調整します。

ORIGINAL 19b.jpg

Photo by Tanya Gamidova

グラデーション塗りつぶしレイヤーの場合は、**グラデーションで塗りつぶし**❷と、**グラデーションエディター**❸を使用します。ここでは線形グラデーションと円形グラデーションを使って、それぞれ**オーバーレイ**と**焼き込みカラー**で背景に合成します。

線形グラデーションを合成する

レイヤーパネルの❶を押して**グラデーション**を選択後、グラデーションで塗りつぶし❷のグラデーション❹をクリックしてグラデーションエディターを開きます。次にプリセットから**黒、白**❺を選択後、OKをクリックしてエディターを閉じます。続いてグラデーションで塗りつぶし❷のスタイルを**線形**、角度を**−90°**に設定してダイアログボックスを閉じた後、レイヤーパネルの描画モードを**オーバーレイ**（不透明度100％）に設定します。

円形グラデーションを合成する

レイヤーパネルの❶を押して**グラデーション**を選択後、左の線形と同様に、グラデーションで塗りつぶし❷からグラデーションエディターを開き、プリセットから**黒、白**❺を選択後、OKをクリックしてエディターを閉じます。そのままグラデーションで塗りつぶし❷のスタイルを**円形**、角度**90°**、比率**300％**、**逆方向**に設定後、ダイアログボックスを閉じます。最後にレイヤーパネルの描画モードを**焼き込みカラー**（不透明度100％）に設定します。

PHOTOSHOP CC / CS6

レイヤースタイルを極めて
エフェクトの達人になろう

複数の特殊効果をひとつのレイヤーに適用することができるレイヤースタイル。組み合わせたスタイル（効果）は別の写真にペーストができるので、素材写真の変更も可能です。

20
PHOTOSHOP LAYER BASICS

DOWNLOAD FOLDER No.20

PHOTOSHOP CC / CS6

背景をレイヤーに変換してからスタート

レイヤースタイルダイアログボックスは、レイヤーメニューまたは、**レイヤーパネル❶**を使って呼び出すことができます。レイヤースタイルは文字どおりレイヤーに効果を与える機能なので、最初にレイヤーパネルの背景をダブルクリックして、**背景をレイヤーに変換**してからスタートしましょう。

ORIGINAL 20a.jpg

① シャドウ（内側）の効果

❶ 描画モード：焼き込みカラー
❷ 不透明度 100%
❸ 角度：90°
❹ 距離：10 px
❺ チョーク：30%
❻ サイズ：30 px
❼ ノイズ：5%

レイヤー→レイヤースタイル▶シャドウ（内側）を選択してダイアログボックスを開きます。シャドウ（内側）は写真の縁を暗くする効果です。ここでは古いカメラが映し出すイメージに仕上げるので描画モードを焼き込みカラー、シャドウの位置を少し下げて、エッジにノイズを加えます。

② サテンの効果

- ❷ 描画モード：オーバーレイ
- ❸ 不透明度：50%
- ❹ 角度：90°
- ❺ 距離：50 px
- ❻ サイズ：175 px
- ❼ クリックして
  輪郭ピッカーを開く
- ❽ 輪郭：リング

ダイアログボックス左側の項目から**サテン**❶を選択します。サテンは輪郭を変えて合成してみましょう。ここでは輪郭ピッカー❼からリング❽を選択しました。

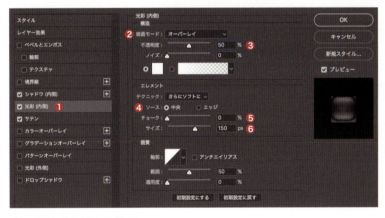

③ 光彩（内側）の効果

- ❷ 描画モード：オーバーレイ
- ❸ 不透明度：50%
- ❹ ソース：中央
- ❺ チョーク：0%
- ❻ サイズ：150 px

ダイアログボックス左側の項目から**光彩（内側）**❶を選択します。写真が暗くなってきたので、中心部分から写真を明るくします。描画モードにオーバーレイを使って中央❹から白さ（明るさ）が拡散するように、光彩（内側）の効果を加えます。

④ パターンオーバーレイの効果

❷ 描画モード：焼き込み（リニア）
❸ 不透明度：45%
❹ パターンピッカーを開く
❺ パターン：Charcoal Flecks
❻ 比率：300%

Memo...

パターンの大きさは適用する画像のファイルサイズに影響します。

ダイアログ左側の項目から**パターンオーバーレイ**❶を選択します。パターンピッカー❹からCharcoal Flecks❺を選択して、古いレンズに付着した「汚れ」を再現します。

※Charcoal Flecksが見つからない場合は、パターンピッカーからグレースケールペーパーを追加して、木炭の斑点を選択してください。

⑤ カラーオーバーレイの効果で完成

❷ 描画モード：ソフトライト
❸ 不透明度：22%
❹ カラー：0338fc（カラーコード）

ダイアログ左側の項目から**カラーオーバーレイ**❶を選択します。ここでは、カメラのレンズに装着するカラーフィルターの再現にカラーオーバーレイを使用します。ブルーの色味で仕上げたいので❹をクリックしてカラーピッカーを開き、0338fcと設定後、ソフトライトで合成すれば完成です。

Variation...
レイヤースタイルは効果をコピーして別の写真レイヤーにペーストすることができます

レイヤー→レイヤースタイル▶レイヤースタイルをコピー　　レイヤー→レイヤースタイル▶レイヤースタイルをペースト

ORIGINAL 20b.jpg

ペースト方法は簡単です。レイヤーメニューから**レイヤースタイルをコピー**を選択して、別の写真のレイヤー（背景からレイヤーに変換）にペーストするだけで完了。ペースト後に効果を編集することが可能です。

PHOTOSHOP CC / CS6

レイヤーマスクの
加工テクニックを学ぼう

ここではレイヤーマスクを使った操作と応用方法を実践形式で解説します。番号順に操作しながらレイヤーマスクの使い方や、レイヤーマスクの加工テクニックを学びましょう。

21
PHOTOSHOP LAYER BASICS

DOWNLOAD FOLDER No.21

PHOTOSHOP CC / CS6

最初は背景の複製からスタート

レイヤーマスクは、レイヤーメニューまたは**レイヤーパネル**❶を押して、マスクを追加する方法で使用します。ここでは背景の複製レイヤーにレイヤーマスクを追加するので、最初にcommand（Ctrl）+ Jキーを押して背景を複製しましょう。

※調整レイヤーは作成と同時にレイヤーマスクが追加されます。

❶

ORIGINAL 21.jpg

---

① 焼き込みカラーを
背景に合成します

空の濃度を鮮やかに上げるため、複製した背景（レイヤー1）の描画モードを**焼き込みカラー**に設定します。

※不透明度と塗りは**100%**です。

---

② 色域指定を使って
空を選択する

空と建物のコントラストが強いため、**色域指定のハイライト**を使って空を選択します。

選択範囲→色域指定

色域指定
選択：ハイライト
許容量：0%
範囲：80
プレビュー：グレースケール

※CS6の場合は特定色域の許容量をお使いください。

※レイヤー1が選択状態のまま、色域指定を使用します。

グレースケールプレビュー画面

③ 選択範囲が表示状態のまま
レイヤーマスクを追加する

選択範囲が表示状態のまま❶を押してレイヤー1にマスクを追加すると、表示中の選択範囲がマスクに反映されます。レイヤーマスクサムネールが選択状態❷のまま、次の作業へ移りましょう。

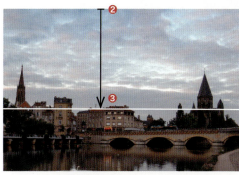

※白から黒に変化するグラデーションを使用します。

④ グラデーションツールの乗算でマスクを塗りつぶす

レイヤー1のレイヤーマスクサムネールが選択状態のまま、**グラデーションツール**❶を使って画面の上❷から下❸を白、黒の線形グラデーション❹で塗りつぶします。レイヤー1の**マスクが選択されている**こと、塗りつぶしモードは**乗算**❺であることを確認しましょう。

❶ グラデーションツール
❷ 塗り始めの位置
❸ 塗り終わりの位置
❹ 線形グラデーション
❺ モード：乗算

> **Memo…** ツールボックスに表示される描画色と背景色の初期設定は黒／白ですが、レイヤーマスクが選択状態のときは初期設定が白／黒になります。白い部分が影響範囲で、黒い部分はマスクされると考えておけば作業中に余計な混乱を招かずに済みます。

⑤ チャンネルパネルのマスクをコピーする

チャンネルパネルの表示／非表示を使って、レイヤー1マスクを**表示**状態に設定後、**選択範囲→すべてを選択**、**編集→コピー**の順に実行します。これでレイヤー1マスクがコピーできました。

⑥ 調整レイヤー「露光量」を
　背景の前面に追加する

レイヤーパネルの**背景**を選択します。
続いて**レイヤーパネル**の❶を押して**露光量**を選択します。属性パネルのスライダーを操作して、背景が明るくなるように**露光量**を調整しましょう。

※露光量の効果で全体が明るくなりましたが、空が白飛びしています

露光量　露光量：＋0.70
　　　　オフセット：0
　　　　ガンマ：1.00

⑦ 露光量1マスクをペースト／反転する

属性パネル左上のアイコン❶をクリックして、「露光量」から「マスク」に設定して属性パネルのモードを切り替えます。そのまま**チャンネルパネル**の露光量1マスクを**表示**❷に設定後、**編集**→**ペースト**を実行します。
続いて**イメージ**→**色調補正**▶**階調の反転**を実行して、レイヤーマスクの内容を反転します。

※作業が完了したら、**選択範囲**→**選択を解除**を実行した後、露光量1マスクを**非表示**に戻しておきましょう。

マスクにペースト

マスクを反転

⑧ 自然な彩度とレベル補正で
　　背景の色調を補正すれば完成

最後は特定のレイヤーに影響を与える**クリッピングマスク**の効果を試してみましょう。**レイヤーパネル**の❶を押して調整レイヤーの**自然な彩度**と**レベル補正**をそれぞれ選択します。右図の調整値を参考に自然な彩度とレベル補正を設定後、それぞれの属性パネルの下部にある、クリッピングマスクのアイコン❷を押します。作業はこれで完成です。

クリッピングマスクが、「**露光量1のマスク**」だけに作用しているかどうか、効果を確認してみましょう。

 ❷

❶

自然な彩度

自然な彩度：+65

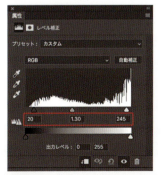

レベル補正

シャドウ／中間調／ハイライト
左から 20 ／ 1.30 ／ 245

Memo... クリッピンマスクの設定はレイヤーメニューからも操作できる

レイヤー→新規調整レイヤーから作成する場合、下のレイヤーを使用してクリッピングマスクを作成❶をチェックします。また、**レイヤー→クリッピングマスクを作成／解除**からも操作できます。

THE SECOND SECTION 作例 START ▶

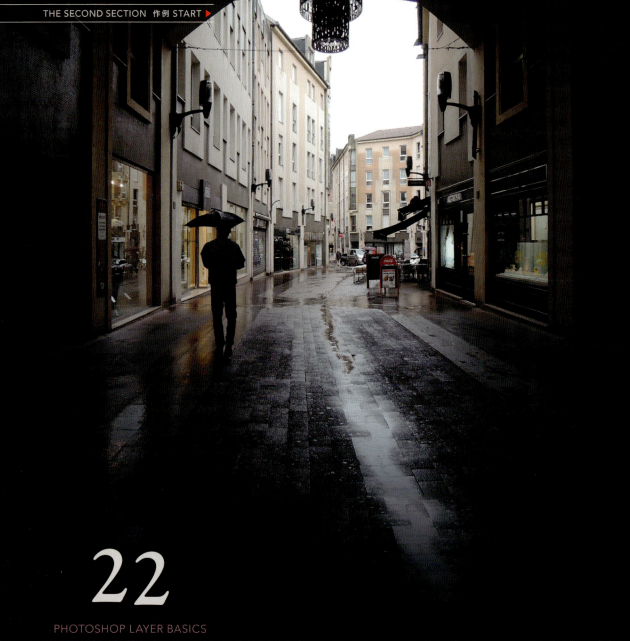

22
PHOTOSHOP LAYER BASICS

DOWNLOAD FOLDER No.22

PHOTOSHOP CC
塗りつぶしレイヤーで
延長部分を塗りつぶす

ここからはレイヤー合成をテーマに扱う作例ページのスタートです。最初は塗りつぶしレイヤーを使った作例から始めます。「切り抜きツール」と「コンテンツに応じる」を使って拡張したカンバスの延長部分を、グラデーションレイヤーで黒く塗りつぶしてみましょう。

ORIGINAL 22.jpg

1 カンバスを拡張と同時に 空白領域を塗りつぶす

切り抜きツールを選択します。写真の周囲に切り抜きの境界が表示された状態で、オプションバーの**コンテンツに応じる**❶をチェックして有効化します。そのまま、中央下のアンカーポイント❷を下方にドラッグして切り抜きの境界を拡張後、return（enter）キーを押します。拡張された空白部分は「**コンテンツに応じる**」によって、周囲の領域に合わせて自動的に塗りつぶされます。

2 グラデーション塗りつぶしレイヤーで 写真の延長部分を黒く塗りつぶす

レイヤーパネルの❶を押して**グラデーション**を選択後、ダイアログボックス内のグラデーションエリア❷をクリックして、グラデーションエディターを表示します。そのまま黒から透明へ変化する**90°**の**線形グラデーション**を設定して塗りつぶしレイヤーを作成すれば完成です。

Memo...

「グラデーションで塗りつぶし」が選択／表示状態の時に、画面上を直接ドラッグするとグラデーションの位置を移動することができます。

スタイル：線形
角度：90°

❸ 不透明度：100%　　❹ 不透明度：0%
　位置：0%　　　　　　位置：40%

ORIGINAL　23a.jpg

23

PHOTOSHOP LAYER BASICS

DOWNLOAD FOLDER No.23

PHOTOSHOP CC / CS6

塗りつぶしレイヤーで影を明るく補正する

影の影響が強く出すぎて全体的に暗くなった写真を、グラデーション塗りつぶしレイヤーで部分的に明るく補正します。作例のように影のコントラストが強い写真は、グラデーションの合成とブラシを使ったレタッチ作業を併用して、明暗の差を段階的に補正していきます。

1　グラデーション塗りつぶしレイヤーで写真の下半分を白く塗りつぶす

レイヤーパネルの❶を押して**グラデーション**を選択後、グラデーションで塗りつぶしダイアログボックスのグラデーションエリア❷をクリックして、グラデーションエディターを表示します。続いて右下の図を参考に、白から透明へ変化する90°の**線形グラデーション**を設定してグラデーション塗りつぶしレイヤーを作成します。

❶

スタイル：線形
角度：90°

❸ 不透明度：100%
　位置：0%

❹ 不透明度：0%
　位置：100%

Section 02_23　077

2 グラデーションを ソフトライトで合成する

グラデーション塗りつぶしレイヤーの描画モードを**ソフトライト**に変更して影の部分を明るくします。
次はレイヤーを作成して、影の部分をもう一段階明るくします。

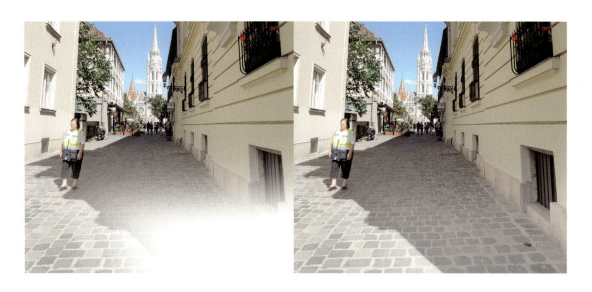

3 最前面に透明レイヤーを作成して 手前の影をブラシで白く塗りつぶす

レイヤーパネル（右図）の❶を押して**新規レイヤーを作成**します。そのまま上図を参考に、手前の影を**ブラシツール**で白く塗りつぶします。大きめのブラシを使って、ブラシツールと**消しゴムツール**を使い分けながら右下の影を白く塗りつぶしましょう。

※作例は直径 **1800px** のソフト円ブラシをクリックするように塗りました。

4 透明レイヤーの描画モードを ソフトライトに変更すれば完成

ブラシで塗り分けた新規レイヤー（レイヤー1）の描画モードを**ソフトライト**に変更すれば完成です。
明るすぎる場合は、不透明度を調整してバランスを整えましょう。

Variation...

覆い焼きカラーと塗りの相乗効果で影を明るくする、強めのエフェクト表現

ORIGINAL 23b.jpg

コントラストを残したまま白くする**覆い焼きカラー**の特性を生かして日陰の写真を一気に明るくする方法もあります。下の作例はP.077の設定で配置したグラデーション塗りつぶしレイヤーに、覆い焼きカラーと「**塗り**」の不透明度を背景に合成して明るく補正しています。

作例では**55**%〜**65**%の調整で手前側を明るく補正しています。覆い焼きカラーと塗りの組み合わせは、調整域が狭いので「**塗り**」のスライダーをゆっくり動かしながら調整しましょう。

24

PHOTOSHOP LAYER BASICS

DOWNLOAD FOLDER No.24

PHOTOSHOP CC
輪郭を強調した
セレン調モノトーン

ORIGINAL 24.jpg

Camera Rawのプリセット「白黒 型抜き」を使ったモノトーン写真です。基本補正で輪郭を浮き上がらせた後、青いべた塗りレイヤーを合成してコントラストの強いきりっとしたモノクローム写真に仕上げてみましょう。

プリセット

基本補正

1 プリセットで白黒にしてから基本補正で輪郭を調整する

フィルター→Camera Rawフィルターの画像補正タブを**基本補正**から**プリセット**に切り替えて輪郭を強調する**白黒 型抜き**をクリックします。続いて画像補正タブを基本補正に戻した後、**シャドウ**と**かすみの除去**を中心に、空と街路樹の階調を調整します。

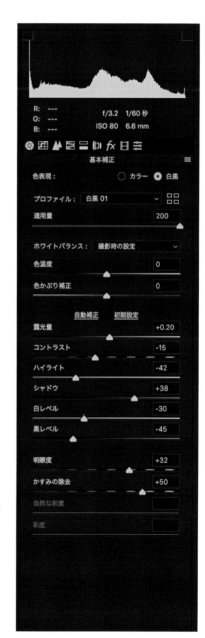

基本補正
適用量：200

露光量：+0.20
コントラスト：−15
ハイライト：−42
シャドウ：+38
白レベル：−30
黒レベル：−45
明瞭度：+32
かすみの除去：+50

プリセット
白黒：白黒 型抜き

2 塗りつぶしレイヤーを背景の上に作成する

レイヤーパネルの❶を押して**べた塗り**を選択後、カラーを**064b7c**に設定します。描画モードに黒い部分のコントラストを強調する**覆い焼きカラー**、**塗り**を**35%**に設定して完成です。

べた塗りのカラー **#064b7c**（カラーコード）

25

PHOTOSHOP LAYER BASICS

DOWNLOAD FOLDER No.25

PHOTOSHOP CC

セピアカラーの彩色をレンズフィルターで行う

Camera Rawのプリセットを使ったモノトーン写真です。シャドウリフトと周辺光量の効果を使った白黒写真にレンズフィルターをプラスして、古ぼけたセピアの色味に仕上げてみましょう。

ORIGINAL 25.jpg

3種類のプリセットを組み合わせた後にレンズフィルターで色味を加える

フィルター→Camera Rawフィルターの画像補正タブを**基本補正**から**プリセット**に切り替えた後、**白黒 フラット**、**リフトシャドウ（カーブ）**、**周辺光量補正（弱）**をクリックして、古ぼけた白黒写真のイメージを再現します。続いて**レイヤー→新規調整レイヤー→レンズフィルター**を選択、フィルターカラーをプリセットの**暖色系**（**LBA**）に設定後、適用量を**25%**に設定すれば完成です。

プリセット

白黒：白黒 フラット
カーブ：リフトシャドウ
周辺光量補正：弱

レンズフィルター

フィルター暖色系（LBA）
適用量：**25%**
輝度を保持

26

PHOTOSHOP LAYER BASICS

DOWNLOAD FOLDER No.26

PHOTOSHOP CC / CS6

歩道に反射する水たまりの映り込み

写真を反転合成する路面の映りこみエフェクトです。ここでは背景の上に2層のレイヤーを合成して、垂直に反転した写真を水たまりに反射させます。作例では映り込み用のレイヤーにリニアライトを使用していますが、ハードライト、オーバーレイで合成する選択肢もあるので、作例が完成した後で効果を試してみてください。

ORIGINAL 26.jpg

1 背景を2つ複製後 選択範囲を作成する

レイヤー→レイヤーを複製を2回実行後、右図を参考に**多角形選択ツール**を使って路面を選択範囲で囲みます。

ダブルクリックで始点と連結　　始点

2 選択範囲を反転後 レイヤーマスクを追加する

選択範囲を作成後、**選択範囲→選択範囲を反転**を実行します。そのままレイヤーパネルの❶を押して、最前面のレイヤーにレイヤーマスクを追加します。

次は2層目のレイヤー「背景のコピー」を垂直に反転するので、レイヤーパネルで「背景のコピー」を選択しておきましょう。

背景のコピーを選択

3 2層目レイヤーの 画像を垂直反転する

編集→変形▶垂直方向に反転を実行して、「背景のコピー」の天地を反転します。

4 2層目レイヤーの画像を下に移動する

手順3で垂直反転した画像を**移動ツール**を使って下に移動します。作例では手前の人物の足に合わせて、画像の位置を調整しています。

5 レイヤーマスクを描画して水たまりを作れば完成

「背景のコピー」の描画モードを**リニアライト**、**塗り**を**65％**に変更後、手順2を参考にレイヤーマスクを追加します。

リニアライト（塗り65％）で合成

「背景のコピー」のレイヤーマスクを**ブラシツール**（黒）でランダムに描画します。路面の映り込みから水たまりを再現すれば完成です。

※作例は直径 **100 px** と **30 px** のソフト円ブラシでレイヤーマスクを描きました。

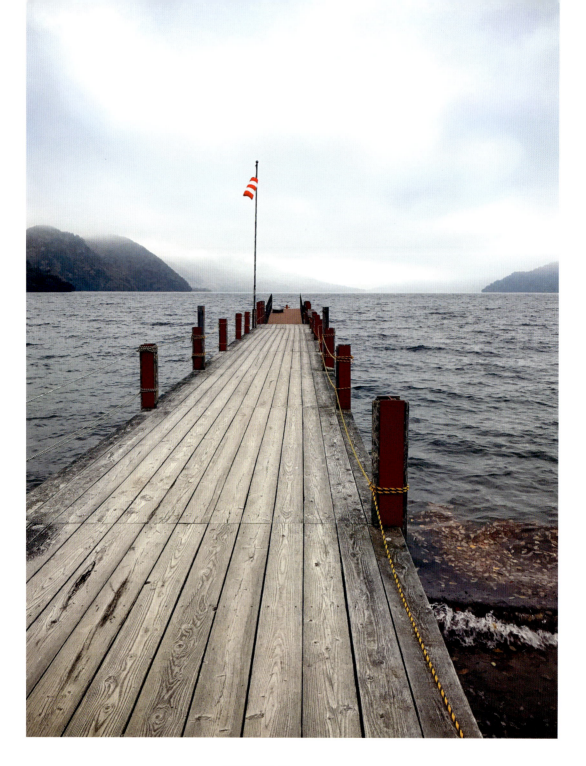

27

PHOTOSHOP LAYER BASICS

DOWNLOAD FOLDER No.27

PHOTOSHOP CC

傾き、色かぶり、空の色を段階的に修正する

切り抜きツール・自動カラー補正・Camera Rawを使って段階的に写真を補正後、最後にレンズフィルターで空に色を加えます。

ぼんやりと霞がかった素材写真。写真の傾きや、空の色を補正して全体をすっきり仕上げてみましょう。

切り抜きツールで水平線をドラッグ（左図）して角度を補正しながら「コンテンツに応じる」を使って、空白領域を自動で塗りつぶします。

1 曲がった写真を修正して自動カラー補正で色かぶりを補正する

P.032で解説した方法で角度補正と空白領域の塗りつぶしを行います。**切り抜きツール**のオプションバーから**角度補正**、**コンテンツに応じる**をチェックした後、水平線に沿って切り抜きツールをドラッグ❶して写真の傾きを修正します。続いて**イメージ→自動カラー補正**を実行して、写真の色かぶりを補正します。

Memo...

自動カラー補正は、素材写真の状態で結果が左右するコマンドですが、手早く補正できるメリットを利用して「最初に試す」心構えで実行しましょう。色調を変えたくない場合は自動トーン補正、自動コントラストをお試しください。

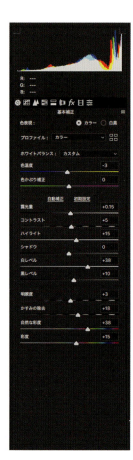

基本補正

色温度：−3
色かぶり補正：0

露光量：+0.15
コントラスト：+5
ハイライト：+15
シャドウ：0
白レベル：+38
黒レベル：+10

明瞭度：+3
かすみの除去：+18
自然な彩度：+38
彩度：+15

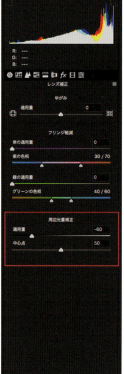

レンズ補正

周辺光量補正
適用量：−60
中心点：50

2 Camera Rawの「基本補正」と「レンズ補正」で色調を補正する

フィルター→Camera Rawフィルターを選択して、基本補正のワークスペースを開きます。右上のスライダーを、上から順に調整して自動補正で補えなかった湖面や雲の色調を整えます。

※作例はレンズの周辺光量落ちを再現するため、画像調整タブを**レンズ補正**に切り替えて、周辺光量補正の値を下げています。

3 レンズフィルターで空に青を足す

レイヤーパネルの❶を押して、調整レイヤーのメニューから**レンズフィルター**を選択します。属性パネルのフィルターから、プリセットの**フィルター寒色系（80）**、適用量を**100%**（輝度を保持）に設定して、背景にレンズフィルターの効果を適用します。

4 レイヤーマスクをブラシで黒く塗る

レイヤーパネルから、レンズフィルターのレイヤーマスクを選択します。次に空の部分だけを白く残すように、**ブラシツール**を使ってレイヤーマスクを黒で描画します。

※作例は直径**1500 px**のソフト円ブラシで空以外をすべて黒く塗りつぶしました。

5 レンズフィルターを背景に合成すれば完成

レンズフィルターの描画モードを**乗算**、不透明度を**50%**に設定して完成です。ハイライトの濃度を引き上げた影響で、空部分の画質が少し劣化しています。**command(Ctrl)**キーを押しながらレイヤーマスクサムネールをクリックすると、空を部分選択できるので、背景を**ノイズ軽減**（P.036参照）すれば完璧です。

PHOTOSHOP CC / CS6

露出オーバーの明るい写真を
レイヤー合成で補正する

28
PHOTOSHOP LAYER BASICS

DOWNLOAD FOLDER No.28

ハイライトが白飛びした露出オーバーの明るい写真。ピンボケは修正できませんが、レイヤーを合成する事で足りない濃度を補うことができます。作例の場合、丁度良い感じに周囲が白飛びしているので、これを上手く利用して被写体を切り抜いたように浮き上がらせてしまいましょう。

1 レンズ補正で写真の周囲を白くする

フィルター→レンズ補正を選択してワークスペースを開きます。続いて自動補正タブを**カスタム**❶に切り替えた後、周辺光量補正の適用量を＋100、中心点を＋20に設定して、写真の四隅を白く飛ばします。

レンズ補正
周辺光量補正
適用量：＋100
中心点：＋20

ORIGINAL 28.jpg

2 被写体の周囲をブラシで白く整えてからレイヤーを2つ合成して完成

周辺光量補正で抜けきれなかった部分を**ブラシツール**を使って整えます。作例では鼻の周囲を白く塗るだけで背景を綺麗に抜くことができました。周囲を白く調整した後は、command（Ctrl）＋Jを2回押して背景を2つ複製後、2層目の描画モードを**焼き込み（リニア）**、**塗り35%**、3層目を**乗算**、**不透明度45%**に設定すれば完成です。

レイヤー0
ブラシツールで
周囲を白く調整

レイヤー0のコピー
焼き込み（リニア）
塗り：35%

レイヤー0のコピー2
乗算
不透明度：45%

THE SECOND SECTION　PHOTOSHOP LAYER BASICS **29**

ORIGINAL 29.jpg　　Photo by 椎葉　陸

29

PHOTOSHOP LAYER BASICS

DOWNLOAD FOLDER No.29

PHOTOSHOP CC
低彩色でシックな
人物の合成写真

人物の切り抜きと、彩度の落ちた背景の合成写真です。ここでは人物と背景の重なる位置が一緒なので、緻密に切り抜かなくても合成できます。人物を背景に馴染ませて、シックに仕上げましょう。

※このセッションは、P.108で登場する「クイック選択ツール」と「選択とマスク」を使用したレイヤーマスクの切り抜きテクニックを使用します。

1　最初に背景を複製してから
　　　Camera Rawのプリセットを背景に試す

まず最初にcommand（Ctrl）＋Jを押して背景を複製します。次にレイヤーパネルの**背景**を選択後、**フィルター→Camera Raw**フィルターの画面を**プリセット**に切り替え、プリセット名を**2つ**クリックして効果を確定します（右図参照）。

※次ページで追加調整をします。このまま閉じないで
　次の手順へ進みましょう。

プリセット

クリエイティブ
コントラスト（低彩度）

カーブ
クロスプロセス

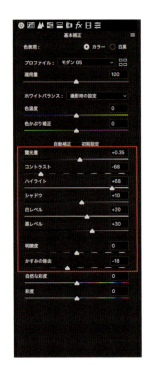
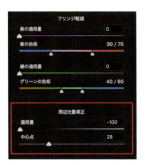

 基本補正
露光量：＋0.35
コントラスト：−68
ハイライト：＋68
シャドウ：＋10
白レベル：＋20
黒レベル：＋30

かすみの除去：−18

レンズ補正
周辺光量補正
適用量：−100
中心点：28

2 Camera Raw の「基本補正」と「周辺光量補正」で追加調整する

Camera Rawの画像補正タブを**基本補正**に戻した後、写真を明るく浅めの階調に調整します。続いて**レンズ補正**の**周辺光量補正**を調整して四隅を少し暗くします。

3 クイック選択ツールで被写体を選択する

最初に**クイック選択ツール**（P.108）で人物の外側をドラッグして選択範囲を作成します。

※作例は直径 **50 px** を使用。

続いて選択範囲の**追加❶**と**削除❷**を併用して、被写体の周りを追い込みます。

※作例は直径 **10 px** を使用。

4 選択とマスクで境界線を調整する

レイヤー1が選択状態のまま、**選択範囲→選択とマスク**（P.146参照）を選択して属性パネルのダイアログから表示モードを**オーバーレイ❶**に設定した後、**反転❷**をクリックします。

続いて**境界線調整ブラシツール**を使って、被写体と背景の境界をドラッグしながらマスク領域のエッジを調整します。

※作例は直径 **50 px**を使用、一部ブラシツールを使用しています。

境界線の調整が完了後、レイヤー1の**レイヤーマスクに出力❸**します。

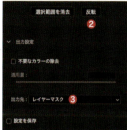

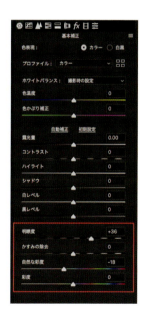

5 Camera Raw の基本補正で複製レイヤーの色調を調整する

レイヤーパネルから、複製レイヤー（レイヤー1）のレイヤーサムネールを選択します。
最後に、**フィルター→Camera Raw フィルター**の基本補正から、「**明瞭度**」と「**自然な彩度**」を調整して人物の彩度を落とせば完成です。

基本補正
明瞭度：＋36
自然な彩度：−18

THE THIRD
SECTION

PHOTOSHOP BLUR

「ぼかし」効果で
カッコイイ写真に仕上げよう

PHOTOSHOP
ぼかしギャラリー
ぼかし（レンズ）
デフォーカス（玉ボケ）
周辺減光・クイック選択ツール

Photoshopにはカメラレンズの効果を再現する多くの機能があります。このセクションは、直感的に操作するぼかしギャラリーを始め、切り抜きマスクや周辺光量の補正等に使うパネルやツールの操作方法を交え、写真を引き立たせるテクニックを紹介します。

このセクションはPhotoshopで構成しています。QUICK REFERENCEで、ぼかしの操作方法を理解してから実際に作例を使って実践してみましょう。

QUICK REFERENCE THE THIRD SECTION

PHOTOSHOP CC / CS6

直感的に操作ができる
便利な「ぼかしギャラリー」

CC以降ラインナップが増えてきた「ぼかしギャラリー」。カメラレンズのボケ味をシミュレートするぼかし機能は扱いやすくて便利なツール群です。

PHOTOSHOP CC / CS6
被写界深度を自由に設定できる「フィールドぼかし」

複数の**ぼかしピン**を組み合わせて、ぼかしの範囲をコントロールするのが**フィールドぼかし**の特徴です。ぼかし量と、配置の関係をきちんと設定していれば手前にピント、奥をぼかすレンズ効果の常套手段を自由に再現することができます。

PHOTOSHOP CC / CS6
カメラレンズのボケなら「虹彩絞りぼかし」

ぼかし（レンズ）の簡易バージョンですが、手軽な操作でボケを生み出せるメリットは大きいです。被写界深度の浅い（ボケ味のある写真）レンズのシミュレートはもちろん、点光源のキラキラや、チルトシフトと組み合わせるなど複合的な使い方に効果を発揮します。

PHOTOSHOP CC / CS6
イメージを強く見せたい時に有効な特殊ぼかし「チルトシフト」

チルトシフトは建築物などのあおり撮影に使うティルト・シフトレンズが語源のぼかしツール。シャープ領域の前後を大きくぼかすことができるので、ミニチュア風の遠景や、ジオラマ写真のエフェクトのほかにも、接写レンズで撮影したような強烈なボケを再現したいときにも使える個性的なツールです。チルトシフトの**ぼかしハンドル**は**2**本の実線を使用するので、ぼかし幅の移動が分かりやすく、ボケ味を簡単にコントロールできるのが特徴です。

レンズをずらして光軸を傾けることができるティルト・シフトレンズはピントの合う範囲を意図的に狭くしたり、被写体の歪みを矯正することができる特殊なレンズです。

レンズを傾ける（ティルト機構）と、レンズを平行移動（シフト機構）することができるティルト・シフトレンズ

Section 03_QUICK REFERENCE 099

PHOTOSHOP CC / CS6

ぼかしギャラリーから
3種類の効果を検証する

使い方がわかれば、誰でも格好良くぼかせる万能ツール、それがぼかしギャラリーです。個々のツールは組み合わせることができるので、特徴をつかんで試してみてください。

30
PHOTOSHOP BLUR

DOWNLOAD FOLDER No.30

PHOTOSHOP CC / CS6
まずは強めにぼかして
それぞれの効果を確認してみよう

ぼかしギャラリーはフィルターメニューからアクセスします。操作の核になるのは**ぼかしピン**。同心円のアイコンで、**ぼかしハンドル**を使って操作する**チルトシフト**と**光彩絞りぼかし**では**シャープ領域**の中心になります。ぼかしピンは画面上をクリックして追加することができます。また、**delete**キーを押せば削除できます。

ORIGINAL 30.jpg　　Photo by Márton Erős

ぼかし：45 px

PHOTOSHOP CC / CS6
シャープ領域が直線上に広がる「チルトシフト」

チルトシフトでは、**2本の実線の間**がシャープ領域です。破線をドラッグしてボケ足をコントロールします。実線上の●を左右にドラッグするとぼかしハンドルが回転します。作例はシャープ領域を狭めてチルトシフトの特徴的なボケを再現しています。

※ここで紹介する3つのぼかし効果は**光のボケ**と**ノイズ効果**は使用していません。

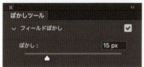

ぼかし：15 px（中央のぼかしピン）
※手前下側のぼかしピンは 0 px。

PHOTOSHOP CC / CS6

複数のぼかしピンでボケを生む「フィールドぼかし」

フィールドぼかしには、ぼかしハンドルが存在しません。ぼかしピンの数を増やしてボケ味をコントロールします。作例は 15 px のぼかしピンを画面中央に配置して、シャープ領域になる 0 px のぼかしピンを手前下側に設置しています。

ぼかし：30 px

PHOTOSHOP CC / CS6

被写界深度の効果をシミュレートする「虹彩絞りぼかし」

楕円形を操作してボケ足をコントロールします。楕円形は実線上の□をドラッグすると角丸長方形に変形します。楕円領域内の●(4つ)の内側がシャープ領域です。option ＋ ドラッグ（Windowsは Alt ＋ ドラッグ）で個別に●を移動できます。

PHOTOSHOP CC / CS6

ぼかし（レンズ）は
レイヤーマスクがボケ足

31

PHOTOSHOP BLUR

DOWNLOAD FOLDER No.31

レンズのボケを自在にコントロールしたい時は、ぼかし（レンズ）がおすすめです。ここではP.070で紹介したレイヤーマスクのテクニックを応用して、ボケ足の作り方を作例形式で解説します。

① 最初に背景の複製とレイヤーマスクの追加

ぼかし（レンズ）はレイヤーマスクをソースにボケ足をコントロールします。最初は背景を複製してレイヤーマスクを追加しましょう。次の手順ではレイヤーマスクを塗りつぶすので、レイヤーマスクサムネールを選択状態❶にしておきます。

※レイヤーマスクの操作はP.070を参考にしてください。

ORIGINAL 31.jpg

② レイヤーマスクをグラデーションで塗りつぶす

グラデーションツールで画面上を下❶から上❷に塗りつぶします（グラデーションの設定はP.071と同じです）。グラデーションの位置は、ぼかし（レンズ）のボケ足に影響します。ガイドを参考にグラデーションを垂直に描いた後、レイヤーマスクを左側のレイヤーサムネール❸に切り替えます。

Memo... shiftキーを押しながらドラッグすると垂直にグラデーションが描けます。

※グラデーションを描き終えたら選択を❸に戻します。

※白から黒に変化するグラデーションを使用します。モードを「乗算」から「通常」に戻してから描きましょう。

ぼかし（レンズ）
深度情報
ソース：レイヤーマスク
ぼかしの焦点距離：55

虹彩絞り
形状：三角形
半径：65
絞りの円形度：45
回転：0

スペキュラハイライト
明るさ：84
しきい値：135

③ ぼかし（レンズ）でピクセルレイヤーをぼかす

フィルターメニューから**ぼかし（レンズ）**❶を選択します。ソースを**レイヤーマスク**に設定後、光彩絞りの**形状**、**半径**、**円形度**を設定します。次に**ぼかしの焦点距離**のスライダーを調節してシャープ領域を移動した後、最後にスペキュラハイライトを調整して**OK**をクリックします。
※設定時の動作が重い場合はプレビューをオフにしてから設定しましょう。

❶	フィルター→ぼかし▶ぼかし（レンズ）

露光量　露光量：1.0
　　　　オフセット：0
　　　　ガンマ：0.80

④ 最後にレイヤーマスクの濃度を 0%にする

レイヤー1のレイヤーマスクサムネール を選択します。属性パネルの表示モードが**マスク**❶になっているのを確認してから、**濃度**を**0**%に設定します。これでぼかし（レンズ）設定時のプレビュー画面と同じ状態に戻りました。仕上げに調整レイヤーの**露光量**❷を追加して、写真を明るく補正します。スペキュラハイライトで白飛びした部分と折り合いをつけながら調整しましょう。　　　※調整レイヤーを追加する方法はP.023を参考にしてください。

PHOTOSHOP CC / CS6

フィールドぼかしで作る
玉ボケ・デフォーカス

32
PHOTOSHOP BLUR

DOWNLOAD FOLDER No.32

海面のキラキラや夜景のネオン等、点光源をぼかすと発生する一眼レフではお馴染みの玉ボケ写真。写真選定の条件は厳しいのですがPhotoshopでどこまで再現できるか検証します。

PHOTOSHOP CC / CS6

一番再現しやすいのはフィールドぼかし

玉ボケを発生できるのは、ぼかしギャラリーの**効果（ボケ）**と**ぼかし（レンズ）**です。玉ボケは、光の範囲（スペキュラハイライト）を制御することで発生します。ぼかし（レンズ）は、玉の形状を三角〜八角、正円と変形できますが、サイズはそれほど大きく作れません。ぼかしギャラリーの場合は、玉の形状は変えられませんが、ぼかし量に応じて玉のサイズが変更します。全面をぼかして玉ボケを作るコツは、明るい部分の面積が少ない写真をベースに、暗く加工してからボカすと良い感じの玉ボケが作れます。

※作例は焼き込みカラーを合成してシャドウの濃度を上げています。

ORIGINAL 32.jpg

フィールドぼかしで再現した玉ボケ　ぼかし：150 px　光のボケ：90%

フィールドぼかしで再現した玉ボケ　ぼかし：**80 px**　光のボケ：**80%**

ぼかしピンの位置は初期状態のまま、ぼかし量と光のボケを3段階に変更。光の範囲はすべて同じ条件でテスト。

❶ ぼかし：150/80/40 px
❷ 光のボケ：90/80/65 %
❸ 光の範囲：190 - 255

フィールドぼかしで再現した玉ボケ　ぼかし：**40 px**　光のボケ：**65%**

Memo…

ぼかし(レンズ)の玉ボケ

深度情報(ソース)なし、虹彩絞りの形状は八角形、ぼかしの半径は最大値の100でテストしました。虹彩絞りの形状は三角形〜八角形〜正円の順に、明るい玉ボケが発生しやすくなります。

※絞りの円度度は最大値の100で真円です。

スペキュラハイライト
明るさ：100　しきい値：190

PHOTOSHOP CC / CS6

写真の四隅を暗くする
周辺減光の効果

写真を効果的に見せる「周辺光量落ち」。ここでは4種類の減光パターンを想定して、周辺減光の効果を検証します。それぞれの特徴を掴んで用途に応じて使い分けましょう。

33
PHOTOSHOP BLUR

DOWNLOAD FOLDER No.33

PHOTOSHOP CC / CS6
周辺減光は3つのパネルから簡単に再現できる

周辺減光を簡単に再現できるのは、**Camera Raw**とレンズ補正の**周辺光量補正**です。どちらの効果も大きな差はないので状況によって使い分けるのがベストです。特殊効果的に使うのならレイヤースタイルの**シャドウ（内側）**。まずは下図を参考に、効果の違いを見比べてみましょう。

ORIGINAL
33.jpg

PHOTOSHOP CC / CS6
周辺光量を自然に落とすならレンズ補正

カメラレンズの周辺減光をリアルに再現するのが**レンズ補正**。写真の色彩に影響を与えず自然なカーブで暗くなっています。
※作例は周辺減光が最大になるように設定しています。

PHOTOSHOP CC
Camera Rawのレンズ補正

適用量を最大にして左と比べると**Camera Raw**の**レンズ補正**は写真の色彩に影響しながら暗く落ちているように見えます。
※作例は周辺減光が最大になるように設定しています。

PHOTOSHOP CC
Camera Rawは3種類用意されている

Camera Rawは**レンズ補正**の他に2つの周辺光量が用意されています。レンズ補正より細かく調整できる**効果**の周辺減光と、弱・中・強の3種類から選べる**プリセット**の周辺減光です。

PHOTOSHOP CC / CS6
エフェクト的ならレイヤースタイル

レイヤースタイルは特殊効果です。幅広い設定ができるので周辺減光にも使えますが、焼き込みモードを使って影を落とすと、シャドウ部分の色彩を際立たせることができます。

Camera Raw PHOTOSHOP CC

Camera Rawは**レンズ補正**❶、**効果**❷、**プリセット**❸から選択できます。簡単に設定できるのは**プリセット**と**レンズ補正**。詳細に設定したい場合は**効果**がおすすめです。効果は正円〜角丸長方形に変形する**丸み**の形状を変更したり、スタイルによって使用できる**ハイライト**を使えば周辺部にかかる光源とのバランスを調整できます。

フィルター→Camera Raw フィルター

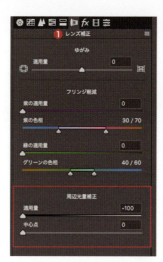

レンズ補正 PHOTOSHOP CC / CS6

カメラレンズの特性によって生じる「歪み」を補正できるのが**レンズ補正**。起動時に開くタブを自動補正から**カスタム**❶に切り替えると、操作パネルの中ほどに**周辺光量補正**があります。2つのスライダーを使った操作なので、調整が簡単にできます。また、写真の色彩に影響を与えずに自然に四隅を明るくしたい時にも有効です。

フィルター→レンズ補正

レイヤースタイル
シャドウ（内側） PHOTOSHOP CC / CS6

レイヤースタイルの**シャドウ（内側）**❶は、周辺減光を繊細に調整することができます。例えば**輪郭**❷を変えることでエッジの形状をコントロールしたり、**シャドウのカラー**❸、**描画モード**❹による合成のほか、**距離**❺と**角度**を使って影の位置を移動するなど、面白い使い方ができるのがポイントです。但し、レイヤースタイルの設定値は写真のサイズには比例しないので、高解像度には向かないかもしれません。

レイヤー→レイヤースタイル▶シャドウ（内側）

※右のダイアログは前ページの設定値です。

※レイヤースタイルを使う時は「背景」を「レイヤー0」に変更してから適用しましょう。

PHOTOSHOP CC 2018

被写体選択のフォローはクイック選択ツール

選択範囲で被写体を囲む「被写体を選択」と「クイック選択ツール」。境界線の仕上げには「選択とマスク」が有効です。ここでは、対象物を選択範囲で切り抜く方法を中心に、作例を使って解説します。

※CS6をお使いの方は「境界線の調整」をお使いください。

34
PHOTOSHOP BLUR

DOWNLOAD FOLDER No.34

PHOTOSHOP CC 2018
一発勝負の被写体選択

Photoshop CC 2018でリリースした**「被写体を選択」**。写真の写りによって精度のバラつきはありますが、選択範囲で被写体を囲む場合は試してみる価値があります。選択範囲の修正は**クイック選択ツール**で整えて、**選択とマスク**で仕上げます。このセッションは背景のトーンを変えるための切り抜きなので、精度は追求しなくても大丈夫です。まずは操作に慣れることを目的に、水に浮かぶカモを切り抜いてみましょう。

ORIGINAL 34.jpg　Photo by Márton Erős

※選択範囲メニューからも「被写体を選択」を実行できます。

PHOTOSHOP CC 2018
① 境界線を自動検知する「被写体を選択」
　修正作業はクイック選択ツール

クイック選択ツール❶のオプションバーから**被写体を選択❷**を実行します。左図では水面から上の部分が綺麗に抜けました。羽の先端部分（写真左側）が少し甘いのでクイック選択ツールで選択範囲を整えます。

※水面とカモの接地部分はそのままにしておきます。

クイック選択ツールの**追加❸**と**削除❹**を使って選択範囲を整えます。操作のコツはブラシサイズの使い分けと、やり直す時に使う**直前の操作を取り消す**ショートカットキーです。

command + Z
Windowsは Ctrl + Z

選択範囲の追加❸を使って、羽の先端部を拡張するようにドラッグします。多少選択範囲がはみ出しても気にせず作業しましょう。

ツールを**選択範囲から一部削除❹**に切り替えてドラッグやクリックを繰り返しながら、はみ出した部分を修正していきます。

PHOTOSHOP CC

② 選択とマスクで境界線を調整する

オプションバーの**選択**と**マスク**（前ページ❺）をクリックして画面モードを切り替えた後、属性パネルのダイアログから**表示モード**❶を**オーバーレイ**、不透明度を**70%**に設定します。次に**境界線調整ブラシツール**❷を使って羽の先端、境界のエッジをドラッグするようにトレースした後、**ブラシツール**❸を使って細かい部分を整えます。

※作例の表示状態では ⊕ が透明、⊖ が赤の関係になります。

PHOTOSHOP CC

③ 選択とマスクの出力

作例はこの後、選択範囲を**グラデーションマップ**（調整レイヤー）のレイヤーマスクに追加するので、マスク範囲を**反転**❹、**選択範囲**❺で出力します。

PHOTOSHOP CC / CS6

④ 選択範囲をグラデーションマップの
　レイヤーマスクに反映させる

選択とマスクから出力した選択範囲が表示状態のまま、**色調補正パネル**から**グラデーションマップ❶**を選択します。

※選択範囲がレイヤーマスクに反映します。

PHOTOSHOP CC / CS6

⑤ グラデーションマップの編集

グラデーションマップは、グラデーションカラーを画像にマッピングするカラー効果です。属性パネルの**グラデーションエリア❶**をクリックして**グラデーションエディター**を開きます。右図を参考に、グラデーションカラーを設定すると初期設定のグレースケールから設定カラーに変更されて画像に色彩が反映します。

❷ カラー：#121f03
（カラーコード）
位置：15%

❸ カラー：#97a7c7
（カラーコード）
位置：56%

❹ カラー：#ffffff
（カラーコード）
位置：80%

110　Section 03_QUICK REFERENCE_34

PHOTOSHOP CC / CS6

⑥ 水面とカモの接地部分を馴染ませる

最後に水面とカモの接地部分を調整します。グラデーションマップのレイヤーマスクサムネールが選択されている状態から、**ブラシツール**を使って右図の楕円部分を馴染ませます。ブラシの描画色を黒、不透明度を50%❶に設定して、直径100 pxくらいのブラシサイズで接地部分（レイヤーマスク）を描画しましょう。

※ブラシで水面部分を薄く塗るイメージで描画すると、合成部分の境界が馴染み、自然な感じに仕上がります。

最後に調整レイヤーの**露光量**を追加して写真を明るく、コントラストを高めに調整すれば完成です。

露光量
露光量：+0.45
オフセット：0
ガンマ：1.00

35

PHOTOSHOP BLUR

DOWNLOAD FOLDER No.35

PHOTOSHOP CC
チルトシフトを使った
遠くをぼかす演出方法

リファレンスの次は、写真を格好良く仕上げるぼかし効果の実践編です。最初のセッションは、手前にピントを置いて遠くをぼかす、チルトシフト独特のぼかし効果からスタートしましょう。

基本補正

色温度：−30
色かぶり補正：−5

露光量：−0.40
コントラスト：+40
ハイライト：−5
シャドウ：+3
白レベル：+17
黒レベル：−23

明瞭度：+30
かすみの除去：+1
自然な彩度：−45
彩度：+33

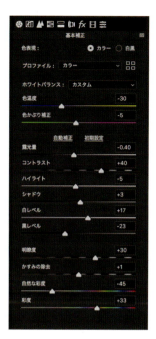

1 最初はCamera Rawを使って
   青いモノトーン風に色調を変える

フィルター→Camera Rawフィルターを選択してワークスペースを開いた後、**基本補正**ダイアログを調整して写真の色調を変更します。
※次ページで追加調整をします。このまま次の手順へ進みましょう。

ORIGINAL 35.jpg

2 Camera Raw「効果」の周辺光量補正

Camera Rawの画像調整タブを**効果**に切り替えます。**切り抜き後の周辺光量補正**から、スタイルを**ハイライト優先**、適用量を−15に設定後、OKをクリックしてCamera Rawを閉じます。

効果
切り抜き後の周辺光量補正
スタイル：ハイライト優先
適用量：−15
中心点：50
丸み：0
ぼかし：50
ハイライト：0

3 色相・彩度で景色を明るく調整する

レイヤーパネルの❶を押して、調整レイヤーのメニューから**色相・彩度**を選択します。続いて属性パネルを操作して、遠くの景色用に彩度の落ちた明るく浅い色彩に調整します。

色相・彩度
色相：+5
彩度：−35
明度：+20

4 レイヤーマスクを
グラデーションで塗りつぶす

色相・彩度1のレイヤーマスクサムネール❶を選択後、**グラデーションツール**を使って画面上をドラッグ、遠くの景色を明るく調整します。

※ドラッグする位置や向きは左図を参考にしてください。
※レイヤーマスクを塗りつぶすグラデーションは、黒から白へ
　変化する線形グラデーションを使用します。
　下図のオプションバーを参考に設定してください。

5 画像を統合してから
最後にチルトシフトの効果を試す

レイヤー→画像を統合を実行します。続いて**フィルター→ぼかしギャラリー▶チルトシフト**を選択します。左図を参考に**ぼかしピン**を下へ移動後、実線の**ぼかしハンドル**（シャープ領域）をドラッグして位置を定めます。ボケ足を調整する**破線**は、下側は成り行きで、上側の破線は画面上限付近までドラッグしてボケ足を長めに設定します。　最後にぼかしツールパネルのぼかし量を **23 px** に設定後、**OK**を押して完成です。

※チルトシフトぼかしの使い方はP.100を参照してください。

チルトシフト
ぼかし：23 px
ゆがみ：0 px

36

PHOTOSHOP BLUR

DOWNLOAD FOLDER No.36

PHOTOSHOP CC / CS6

降り注ぐ柔らかい光と虹彩絞りぼかしの効果

ガラス窓から降り注ぐ柔らかい光の筋を、ぼかし（放射状）と虹彩絞りぼかしの効果で再現します。ブラシで描く光線は2種類。配置を決めて、最後は虹彩絞りぼかしで仕上げます。

1 ぼかし（放射状）で柔らかい光の筋をつくる

作例で作る光の筋は **250 px** と **100 px** の**ソフト円ブラシ**を使用します。**ぼかし（放射状）** は中心位置を右上に固定して、放射状にぼかします。あらかじめ角から放射状にぼける様子をイメージしながらブラシで描くようにしましょう。作例は最後に上部をトリミングしているので、光線の位置を下げて描いています。

ORIGINAL 36.jpg

2 幅の広い光の玉を ブラシで描く

レイヤーパネルの ❶ を押して、**新規レイヤー**を作成します。そのまま右図の位置を参考に**ブラシツール**でクリックしながら白い点を描きます。作例は直径250pxの**ソフト円ブラシ**を使用して、白い点を7つ描いています。

Memo...
細い光の線を降り注がせたい場合はブラシの直径を細く多めに描き、後から調整する方法もあります。

3 光の玉を放射状にぼかす

フィルター→ぼかし▶ぼかし（放射状）を選択して、光の玉を右上から放射状にぼかします。**ぼかしの中心**を右上の角までドラッグして移動後、ぼかし量を100、**ズーム**でぼかします。

ぼかし（放射状）
方法：ズーム
画質：標準
中心：右上の角までドラッグ

4 光の線をブラシで描いて放射状にぼかす（レイヤー2）

レイヤーパネルの❶を押して、**新規レイヤー**（レイヤー2）を作成します。今度は左下の図を参考に、白い線を放射状に引くように**ブラシツール**で描きます。作例は直径100 pxのソフト円ブラシを使用して線を描いています。描き終わった後、**フィルター→ぼかし（放射状）**を2回実行して白い線を放射状にぼかします。

5 光線の位置を調整後画像を統合する

移動ツールを使って、作成した2つの光線の位置を調整します。位置が定まった段階で**レイヤー→画像を統合**を実行します。

※配置イメージ

6 最後は虹彩絞りぼかしを使って最奥のシャープ領域から手前までぼかす

フィルター→ぼかしギャラリー▶虹彩絞りぼかしを選択します。下図の位置を参考に**ぼかしピン**の位置を左側にドラッグ後、画面上の楕円を拡大してボケ足を調整します。楕円領域内にある**4つの○**を動かしてシャープ領域を個別に調整後、ぼかし量を**15 px**に設定して**OK**をクリックすれば完成です。

※P.101参照。

Memo…
楕円領域内にある4つの○の内側がシャープ領域。option+ドラッグ（WindowsはAlt）で個別に○を移動することができます。

虹彩絞りぼかし
ぼかし量：15 px

37

PHOTOSHOP BLUR

DOWNLOAD FOLDER No.37

PHOTOSHOP CC
2種類のぼかし効果で作る ミニチュアエフェクト

チルトシフトと虹彩絞りを同時にぼかして作るミニチュア風景。トイカラーの色調は Camera Rawで調整するので、ぼかしギャラリーとCamera Rawの2つのワークスペースで模型のような風景を作り出すことができます。ここでは画質劣化を抑えるため、スマートフィルターを使って作業します。

ORIGINAL 37.jpg

チルトシフト
ぼかし：**15 px**

1 「スマートフィルター」「チルトシフト」「虹彩絞り」の順に効果を設定する

最初に背景を**スマートフィルター**に変換します（**フィルター→スマートフィルター用に変換**）。続いて**フィルター→ぼかしギャラリー▶チルトシフト**を選択します。上図を参考にぼかしピンの位置・実線・破線の位置を決めてからぼかしを **15 px** に設定します。

続けて、**ぼかしツールパネル**の**虹彩絞りぼかし**をオンに設定後、パネルを展開します。右図を参考に楕円を変形して大きさを調整します。次にシャープ領域の○を個別に移動後、ぼかしを **7 px** に設定します。最後に**OK** をクリックして **2** つのぼかし効果を同時に適用します。

※P.101参照。

虹彩絞りぼかし
ぼかし：**7 px**

基本補正

露光量：+0.25
コントラスト：+60
ハイライト：-15
シャドウ：+40
白レベル：+20
黒レベル：+10

明瞭度：+15
かすみの除去：0
自然な彩度：+55
彩度：0

2 Camera Rawを使って色味を変える

フィルター→Camera Rawフィルターを選択して、**基本補正**のワークスペースを開きます。左図の数値を参考に、写真の色調を明るく鮮やかに調整後、画像調整タブを**HSL調整（彩度）**、**レンズ補正**の順に切り替えて、コントラストの高いミニチュア風景のトイカラーに調整すれば完成です。

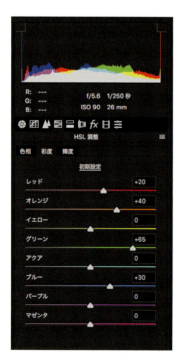

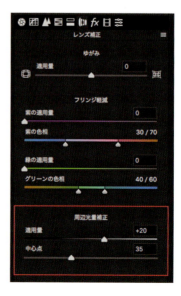

HSL調整（彩度）

レッド：+20
オレンジ：+40
イエロー：0
グリーン：+65
アクア：0
ブルー：+30
パープル：0
マゼンタ：0

レンズ補正

周辺光量補正
適用量：+20
中心点：35

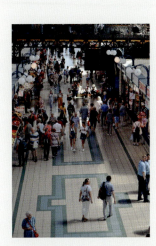

ORIGINAL 37a.jpg

Variation...
縦位置や水平アングルのミニチュアエフェクト

ハイアングルやハイポジションから撮影した横位置の写真がミニチュア化に適していますが、シャープ領域の取れる構図によっては縦位置や水平アングルでも十分素材になります。彩度や明るさもポイントのひとつ。上図はブルー、下図はレッド・グリーン・ブルーを狙ってHSL調整の彩度を強調しています。

Photo by Márton Erős

ORIGINAL 37b.jpg

ホシムクドリ

38

PHOTOSHOP BLUR

DOWNLOAD FOLDER No.38

PHOTOSHOP CC

被写体を浮き上がらせる
ぼかしのプロ技テクニック

コンパクトデジタルカメラで撮影した写真でも、被写体を切り抜いて背景を大きくぼかせば、望遠レンズで狙ったような印象的な写真に迫ることができます。ここでは切り抜きにクイック選択ツールと選択とマスク、背景はフィールドぼかしを使います。「ぼかしのプロ技」は、切り抜きの精度がポイントです。丁寧に仕上げましょう。

ORIGINAL 38.jpg

PHOTOSHOP BLUR 38
THE THIRD SECTION

1 まずは背景を複製して、明るく補正する

基本補正
露光量：+1.95
コントラスト：+35
ハイライト：+20
シャドウ：-15
白レベル：0
黒レベル：-35

レイヤー→レイヤーを複製を実行して、最初に切り抜き用のレイヤーを作成します。次に**フィルター→Camera Rawフィルター**を選択、左図を参考に**基本補正**を操作して写真を明るく補正します。

2 クイック選択ツールで選択範囲を作成

右図の破線エリアを参考に、**クイック選択ツール**で選択範囲を作成します。被写体にクイック選択ツールをドラッグして選択範囲を拡張後、ツールを**選択範囲から一部削除❶**に切り替えて、はみ出した範囲を修正します。**ブラシサイズ**を変えながら、追加と削除を使い分けて少しずつ範囲を整えていきましょう。

※P.108参照。

❶

3 選択とマスクのブラシでマスク領域を整える

選択範囲→選択とマスクを実行します。続いてワークスペース内の**ブラシツール** ❶ を使ってマスク領域を整えていきます。作例では直径 **5 px** のブラシを中心に、⊕ と ⊖ を使い分けて領域を整えました。

表示モード：オーバーレイ

4 境界線調整ブラシツールで領域のエッジをトレースする

選択とマスクの**境界線調整ブラシツール** ❶ を使って、領域の境界線をドラッグしながらエッジを調整します（作例は直径 **5 px** を使用しました）。境界線調整ブラシツールで対応できない部分は、再び**ブラシツール**を使ってマスク領域の境界を修正していきましょう。

5 レイヤーマスクに出力

マスク領域の調整が完了したら、属性パネルの**グローバル調整**の**ぼかし**を **0.5 px**、**エッジをシフト**を **−20%**、**出力先**をレイヤーマスクに設定して出力します。

Memo

レイヤーマスクを選択して属性パネルを「ピクセルレイヤープロパティ」から「マスク」に切り替えると、属性パネルの項目から「選択とマスク」を再び開くことができます。

6　フィールドぼかしで背景を大きくぼかす

レイヤーパネルの**背景**を選択後、**フィルター→ぼかしギャラリー→フィールドぼかし**を選択します。ぼかしピンの位置は中央のまま、ぼかし量を**125 px**に設定後、効果タブの「**ボケ**」を設定します。玉ボケの輪郭が薄く現れるくらいの位置に調整したら**OK**をクリックします。

フィールドぼかし

ぼかし：125 px

効果（ボケ）

光のボケ：43%
ボケのカラー：90%
光の範囲：40/85

基本補正

色補正：−14
色かぶり補正：−23

露光量：+0.38
コントラスト：+10
ハイライト：+18
シャドウ：0
白レベル：+22
黒レベル：0

明瞭度：+8
かすみの除去：0
自然な彩度：0
彩度：−45

7　Camera Rawで背景を色調補正して完成

フィルター→Camera Rawフィルターを選択して、**基本補正**のワークスペースを開きます。左図の数値を参考に写真の彩度を落として、全体を少し明るめに調整します。続いて、画像調整タブを**効果**に切り替えた後、**切り抜き後の周辺光量補正**を操作して、写真の周囲が少し暗くなるように調整すれば完成です。

効果

切り抜き後の周辺光量補正
スタイル：カラー優先
適用量：−30
中心点：0
丸み：−75
ぼかし：80
ハイライト：0

39
PHOTOSHOP BLUR

DOWNLOAD FOLDER No.39

PHOTOSHOP CC
パス&スピンぼかしで スピード感を演出する

ORIGINAL 39a.jpg

躍動感を演出する「動き」の表現に特化したのが、ぼかしギャラリーに格納されている「パスぼかし」と「スピンぼかし」です。この2つを使えば静止写真も、まるで流し撮りをしたようなスピード感のある写真に作り変えることが簡単にできます。パスぼかしは、特定の対象物だけを動かすこともできるので使い方を覚えておきましょう。

1 Camera Raw で色調補正してから 背景を「スマートフィルターに変換」する

最初に**フィルター→Camera Raw フィルター**の**基本補正**と**レンズ補正**を使って、素材写真を明るく彩やかに調整後、背景を**フィルター→スマートフィルター用に変換**を選択しましょう。

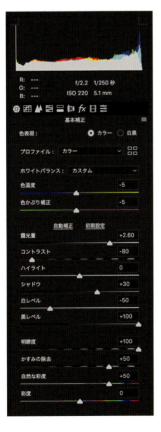

基本補正

色温度：−5
色かぶり補正：−5

露光量：＋2.60
コントラスト：−80
ハイライト：0
シャドウ：＋30
白レベル：−50
黒レベル：＋100

明瞭度：＋100
かすみの除去：＋50
自然な彩度：＋50
彩度：0

レンズ補正

周辺光量補正
適用量：−100
中心点：0

2 スピンぼかしを設定してから続けてパスぼかしの調整をしよう

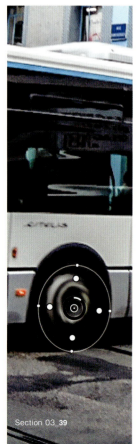

フィルター→ぼかしギャラリー▶スピンぼかしを選択します。バスの前輪に**ぼかしピン**を移動して楕円ハンドルをタイヤの大きさに合わせた後、**ぼかし角度**を**45°**に設定してバスの前輪をぼかします。続けて**ぼかしツール**パネルから**パスのぼかし**を選択します。パスの**始点❶**と**終点❷**(矢印の先端)位置を上図に合せて設定後、**終了点**の**速度**を個別に設定します(始点:**0 px**、終点:**20 px**)。最後に、**速度**と**テーパー**の値をそれぞれ**300%**、**18%**に設定して写真全体をぼかします。

※速度とテーパーはパスぼかし全体に影響するぼかし値です。

スピンぼかし
ぼかし角度:45°

パスぼかし
速度:300°　テーパー:18%
終了点の速度
❶:0 px　❷:20 px

3 スマートフィルターのレイヤーマスクを
ブラシで黒く塗れば完成

ブラシツールを使って、スマートフィルターの**レイヤーマスク**を黒く塗ります。黒で塗られた部分はシャープ領域になるので左側はバスの境界を意識して、右側は**ぼかすように**塗りましょう。

Variation...
パスぼかしで特定の対象物だけを動かす方法

前ページの状態から、パスを追加して「バス以外の景色を静止」することができます。下図の位置を参考に、**ピンをクリック**（始点作成）、**ピンをダブルクリック**（終点作成）する方法でパスを追加した後、追加したパスの**終了点の速度**（始点と終点の2箇所）を **0 px** に設定すれば、周囲の景色を止めることができます。

40
PHOTOSHOP BLUR

DOWNLOAD FOLDER No.40

PHOTOSHOP CC
「リンクを配置」を使って画像をレイアウトする

「リンクを配置」は、リンク形式のスマートオブジェクトです。通常の埋め込み形スマートオブジェクトよりもファイルサイズが軽くなることが特徴です。ここではリンク形式で配置した画像をパッケージ化してひとつのフォルダに収集するところまでが課題です。Photoshopのドキュメントに配置したハートの画像に、ぼかし(ガウス)を適用して奥行きを感じさせる立体的な写真に仕上げてみましょう。

ORIGINAL 40a.jpg

1 「色域指定」と「選択とマスク」で切り抜きレイヤーを作成する

ホワイトバックで撮影した素材画像（**40a.jpg**）を切り抜き、配置用の素材として保存します。最初に**選択範囲→色域指定**を選択後、**スポイトツール❶**で背景の白地部分をクリック後、許容量を **50** に設定して選択範囲を作成します。次に**選択範囲→選択とマスク**を実行してワークスペースを開き、**反転**、**エッジの検出**、**不要なカラーの除去**を設定後、**新規レイヤー**として出力します。

※設定値は下図を参考にしてください。
※出力したデータは背景を**非表示❹**に設定後、配置用の素材として使用するので、デスクトップに保存してください（**40b.psd**）。

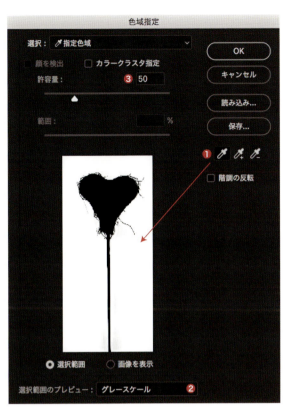

色域指定
❷ 選択範囲のプレビュー グレースケール
❸ 許容量：50

配置用の素材　40b.psd

選択とマスク
❺ 表示モード：黒地
不透明度：100%
❻ 反転
❼ エッジの検出
半径：35 px
❽ 不要なカラーの除去
適用量：30%
❾ 出力先
新規レイヤー

2　新規ドキュメントを作成後、円形グラデーションレイヤーを設置する

ファイル→新規を選択して、**3500 px × 2500 px**、解像度 **300 ppi**・**RGB/8 bit** の新規ドキュメントを作成します。続いて**レイヤー→新規塗りつぶしレイヤー▶グラデーション**を選択して、濃度の浅い円形グラデーションレイヤーを作成します。

※グラデーションは背景に使用します。

新規ドキュメント
幅：3500 px
高さ2500 px
解像度：300 ppi
RGBカラー／8bit

スタイル：円形　角度：45°　比率：200%

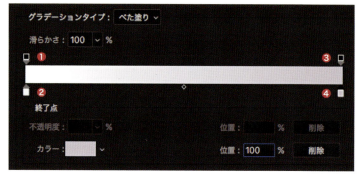

❶ 不透明度：100%
❷ カラー：#ffffff（カラーコード）
❸ 不透明度：100%
❹ カラー：#cec9d8（カラーコード）

3　素材画像（40b.psd）をリンク配置する

ファイル→リンクを配置を選択します。デスクトップに保存した素材画像（**40b.psd**）を選択して、**配置**をクリックします。続いて**オプションバー**に大きさ（**82%**）と角度（**-12°**）を入力して素材画像を変形後、右図の位置を参考に位置を確定します。最後に**return**（**Enter**）キーを押して配置を完了します。

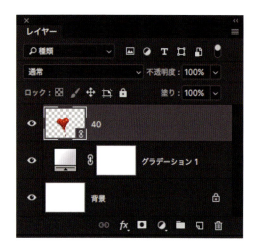

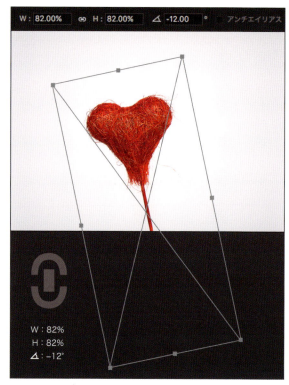

※リンクしたデータは自動的にスマートオブジェクトになります。

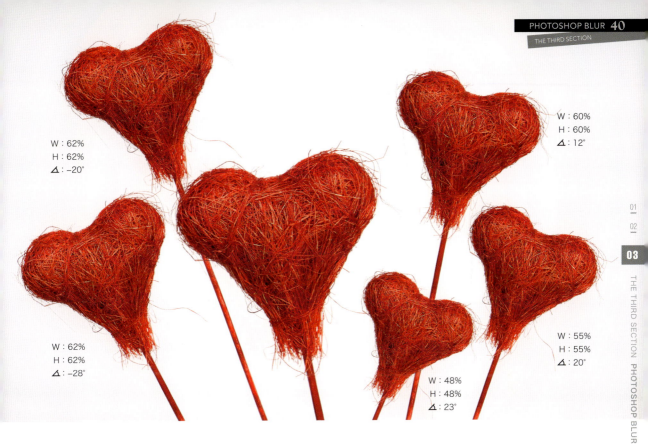

4 リンク画像を複製／レイアウト後、ぼかし（ガウス）を実行 最後にパッケージ化して完成

レイヤー→レイヤーを複製を実行して、自由に画像をレイアウトします。上記の設定値を使用する場合は、**編集→自由変形**を実行後、**オプションバー**に数値を入力します。続いて、レイヤーパネルをドラッグしてリンク画像の前後関係を整理後、**フィルター→ぼかし▶ぼかし（ガウス）**を使って、前後関係の遠近感を出します。

すべての作業が完了したら、ドキュメントをデスクトップに保存します（f40.psd）。最後に、**ファイル→パッケージ**を実行して、ドキュメントファイル（f40.psd）とリンク画像（40b.psd）をひとつのフォルダに収めれば完成です。

41

PHOTOSHOP BLUR

DOWNLOAD FOLDER No.41

PHOTOSHOP CC

チルトシフトの玉ボケで
深夜の道路を彩ろう

チルトシフトが生み出す玉ボケ（点光源のボケ）は出現位置の予測が難しいのですが、玉ボケの大きさ、明るさは調整できるので、上手く狙えば、思い通りの玉ボケで写真を彩ることができます。後から調整できるスマートフィルターを使って、玉ボケ写真を完成させてみましょう。

ORIGINAL 41.jpg

1 背景をスマートフィルター用に変換してから、四隅を暗くする

最初に素材写真（41.jpg）を開いた後、**フィルター→スマートフィルター用に変換**を実行します。

※ここで使用するフィルター（ぼかしギャラリー、**Camera Raw**、レンズ補正）はスマートフィルターに対応しているので、最初に背景をスマートフィルター用に変換してから作業を始めましょう。

続いて、**フィルター→レンズ補正**を選択します。ダイアログの表示タブを**自動補正**から**カスタム**に切り替えた後、左右両端に玉ボケを発生させないために**周辺光量補正**を調整して、写真の四隅を暗くします。

※周辺光量補正　適用量：−100、中心点：+30

さらに遠近感の効いた構図を強調するために、垂直方向の遠近補正を**+42**に設定して、写真を末広がりに変形します。

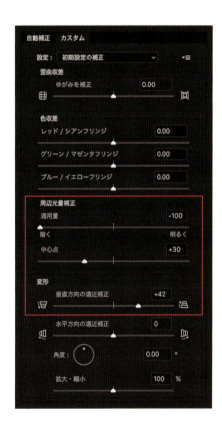

レンズ補正

周辺光量補正　　適用量：−100　中心点：+30

変形　垂直方向の遠近補正：+42

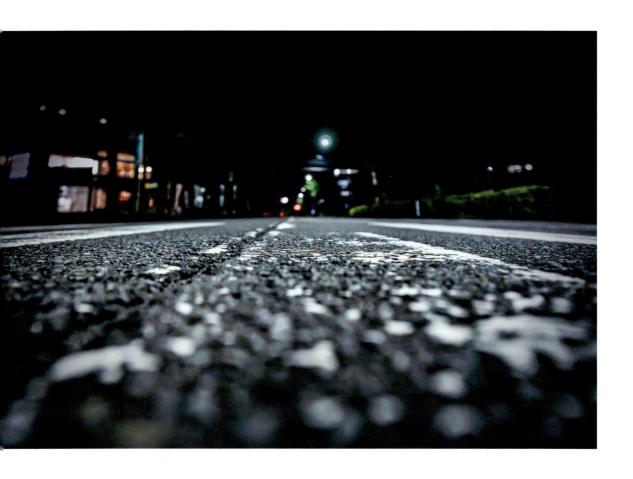

2 Camera Rawで深夜の写真を明るく補正する

フィルター→Camera Rawフィルターを選択して、**基本補正**のワークスペースを開きます。**明瞭度**と**かすみの除去**でメリハリをつけてから、色調と明るさを調整後、画像調整タブを**効果**に切り替えます。**切り抜き後の周辺光量補正**を調整して写真の四隅をもう一段暗くします。

 基本補正
色温度：−20
色かぶり補正：+5

露光量：+0.70
コントラスト：−23
ハイライト：−28
シャドウ：0
白レベル：0
黒レベル：0

明瞭度：+100
かすみの除去：+48
自然な彩度：−5
彩度：0

fx 効果
切り抜き後の
周辺光量補正

スタイル：
オーバーレイをペイント
適用量：−30
中心点：40
丸み：−50
ぼかし：100

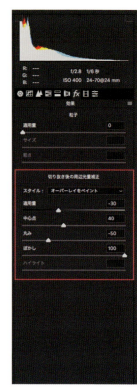

3 チルトシフトを使って玉ボケを発生させる

フィルター→ぼかしギャラリー▶チルトシフトを選択します。
最初に**ぼかしピン**を下へ移動しましょう。
※上側の実線が道路と街の境界線に揃う位置まで**ぼかしピン**を下げます。

次に下側の実線を写真の一番下まで移動した後、上側の破線を下へ移動してボケ足を短く設定します。最後に右図の設定値を参考に**ぼかし量**と効果タブの「**ボケ**」を調整すれば完成です。

※玉ボケはぼかし量に応じて玉の大きさが変わります。
※下図はぼかし量を **45 px**、ボケのカラーを **5 px** に設定した状態です。

チルトシフト
ぼかしツール
ぼかし：75 px
ゆがみ：0%

効果
ボケ
光のボケ：100%
ボケのカラー：0%
光の範囲：134／135

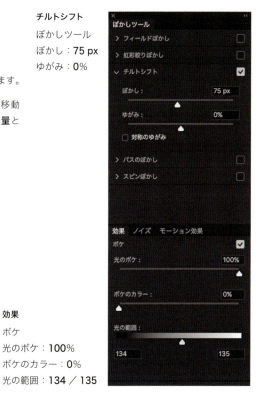

THE 4TH SECTION

COMPOSITE IMAGES

組み合わせの「合成術」で印象に残る写真を作ろう

PHOTOSHOP

多重合成・多角形選択ツール
選択とマスク
曲線／ペンツール
ベクトルマスク
スマートオブジェクト

このセクションでは、合成に必要な技術と組み合わせのヒントを探ります。Illustratorで制作する素材も少しずつ登場しますので、2つのアプリケーションを切り替えながら合成のテクニックを学びましょう。

このセクションは複数の素材を使ったレイヤー合成の上級テクニックを紹介します。QUICK REFERENCEで予習をしてから、実際に作例を使って学んでいきましょう。

QUICK REFERENCE THE 4TH SECTION

PHOTOSHOP CC / CS6

切り抜きと多重合成について
成功のヒントを探る

合成をより良く仕上げるポイントは2点。素材の組み合わせと、違和感を感じさせない合成の技術です。狙い通りのイメージに仕上げる「成功のヒント」を探ってみましょう。

42
COMPOSITE IMAGES

DOWNLOAD FOLDER No.42

PHOTOSHOP CC / CS6

多重合成の組み合わせは
テーマを考えて合成しよう

複数の写真から、幻想的なイメージを描き出す多重合成。カメラの撮影では多重露光、多重露出とも呼ばれる技法です。素材の種類や合成の方法は多種多様ですが、被写体があいまいな場合、その組み合わせは人工物と自然、静と動などの「テーマ」を決めると案外うまく仕上がります。

PHOTOSHOP CC / CS6

切り抜き合成は
なるべく違和感を取り除く

多重合成に比べるとイメージしやすいのが切り抜き合成。違和感を感じさせないためには、切り抜いた被写体と背景の光源の位置や影、撮影時のアングルの相性が重要です。またグラデーションを全体に使って、イメージに統一性をもたせる方法も有効です。

PHOTOSHOP CC / CS6

鉄板やレンガ、紙などの
テクスチャと合成する

写真とテクスチャの組み合わせは比較的簡単です。レンガの凹凸や、和紙の素材感など写真をテクスチャの質感に依存すれば、後は描画モードを考えるだけで印象的な写真を簡単に作ることができます。

PHOTOSHOP CC / CS6

切り抜きの境界を背景に馴染ませる
選択とマスク (CS6は境界線を調整)

髪の毛などの繊細な切り抜きに特化しているのが**選択とマスク**です。**境界線調整ブラシツール**や**不要なカラーの除去**など、切り抜きの境界線を背景に馴染ませる時にも有効なツールです。**クイック選択ツール**や**被写体を選択**などのコマンドと組み合わせて、切り抜き作業に使うツールの順序を組み立てられるようになればベストです。

選択範囲→選択とマスク

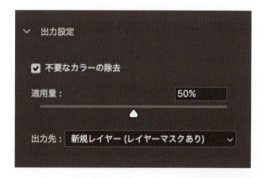

❷ レイヤー 0 のコピー
リニアライト
塗り 10%

❶ レイヤー 0
ハードライト
不透明度 100%

Memo

選択とマスクは境界線を調整 (CS6) の機能強化版です。

ORIGINAL 42a〜42b.jpg

PHOTOSHOP CC / CS6

オーバーレイで描写する
強インパクトの多重合成

カメラの多重露光では再現できないPhotoshopの鮮やかな多重合成。ここでは濃厚なオーバーレイの効果と、テーマを決めて合成する写真の組み合わせについて考えてみましょう。

43
COMPOSITE IMAGES

DOWNLOAD FOLDER No.43

PHOTOSHOP CC / CS6
テーマを決めて素材を選ぶ

合成の組み合わせを考える時に、最もわかりやすいのがテーマを比較対象にすることです。ここでは人工物と自然、シルエットと光をテーマに合成しています。組み合わせの基準を決めて素材の選択を絞っていくと、徐々に作りたいイメージが定まってきます。素材の選択方法として、組み合わせの参考にしてください。

ORIGINAL 43a.jpg

ORIGINAL 43b.jpg

住宅街の写真を背景に森林の写真をペースト、さらに背景を複製❶してレイヤーパネルの一番上にドラッグで移動します。前面に配置した2つのレイヤーは鮮やかなコントラストが特徴のオーバーレイを、不透明度50％で重ねて合成しています。

❶ command + J
Windowsは Ctrl + J

❷ 背景のコピー
❸ レイヤー1
　描画モード：オーバーレイ
　不透明度：50％

ORIGINAL 43c.jpg　　**ORIGINAL** 43d.jpg

住宅街の写真を背景に、構図が似ている風景写真をペーストしました。風景写真のレイヤー枚数でオーバーレイの効果を調整する、強コントラストの合成技です。

❶ レイヤー1のコピー
❷ レイヤー1

描画モード：
オーバーレイ
不透明度：100％

ORIGINAL 43e.jpg

ORIGINAL 43f.jpg

❶ 背景のコピー　不透明度：100％
❷ レイヤー1　　不透明度：70％
❶、❷ 描画モード：オーバーレイ

こちらも同様にレイヤーの枚数とオーバーレイを組み合わせて、光と影のコントラストを強調しています。グランジ（汚れ）を「どこまで抑えるか」がポイントです。

PHOTOSHOP CC / CS6

透明感を表現する
窓ガラスの合成テクニック

映り込みを再現するだけで、透明感を簡単に表現できる窓ガラス。
綺麗な写真を作りたい時に使える、強力な合成アイテムです。

44
COMPOSITE IMAGES
DOWNLOAD FOLDER No.44

窓から見た景色を再現する

ここでは窓から見た景色をテーマに、2つの風景写真を合成します。切り抜いた窓ガラス部分を含めると合成パーツは全部で4つ、**多角形選択ツール**、**レイヤーマスク**、そして**描画モード**を使って透明感のある映り込みを再現してみましょう。

ORIGINAL 44a.jpg

ORIGINAL 44b.jpg

ORIGINAL 44c.jpg

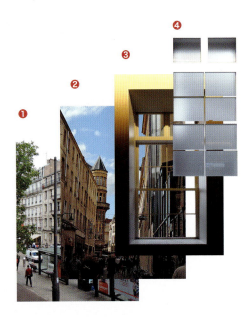

① レイヤー構成をシミュレートしてから作業する

❶ 背景用の写真。コピー＆ペーストで窓枠写真にペーストしてから、レイヤーパネルを使って最背面へドラッグ後、位置を調整します。
❷ 映り込み用の写真。スクリーンで合成します。この写真も窓枠写真にペーストして、背景の上にドラッグした後、位置を調整します。
❸ 窓枠がベース写真です。レイヤーマスクでガラス部分を抜きます。
❹ 切り抜いた窓ガラスも、貴重な合成素材として使用します。

❸ 始点にカーソルを合わせるとカーソルに○が表示します。

② 多角形選択ツールで作業する

窓枠写真（**44a.jpg**）を開き、**多角形選択ツール**❶でガラス部分を選択範囲で囲みます。ガラスの縁から木枠に少し食い込ませるように囲みましょう。ここでは複数のガラスを囲む作業をするので、**選択範囲に追加**❷を設定してから作業します。選択範囲を閉じるときは始点にカーソルを合わせる方法❸、またはダブルクリックでも閉じることができます。

※**caps lockキー**を使ってカーソルの形状を十字に変えて作業すると、細かい部分を選択する時に便利です。

※時間を短縮したい場合は長方形選択ツールでガラス部分を囲みましょう。

③ レイヤーマスクで窓を抜く

レイヤーパネルの❶を押して選択範囲をレイヤーマスクに追加後、**レイヤー0**を複製❷します。次に**レイヤー0**のマスクサムネール❸を選択して白／黒の階調を反転します❹。

❷	command + J
	Windowsは Ctrl + J

❹	command + I
	Windowsは Ctrl + I

背景用と映り込み用の写真を、窓枠の背面にペーストして位置やサイズを調整後、❺と❻の描画モードを変更すれば完成です。

❺ オーバーレイ　不透明度：50％
❻ スクリーン　不透明度：100％

※選択範囲からレイヤーマスクを作成すると、**背景**は自動的に**レイヤー0**に変換されます。

ORIGINAL　44d.jpg

ORIGINAL　44e.jpg

個性的な覗き窓は映り込みがなくても映える

シルエットが個性的な覗き窓に、同じようなアングルで撮影した風景写真を合成しました。作例は映り込み用の写真を使わずに、レイヤースタイルの光彩（外側）を適用して、ガラスのエッジを白くぼかして合成部分を馴染ませました。

PHOTOSHOP CC

切り抜き作業に特化した「選択とマスク」の機能検証

45
COMPOSITE IMAGES
DOWNLOAD FOLDER No.45

切り抜き境界線のエッジを背景に馴染ませる選択とマスク。マスクワークスペース内の2つのツールを使って、被写体をスマートに囲む効果と、その機能を検証してみましょう。

PHOTOSHOP CC

2つのツールで対象を囲む

ここではドキュメントに2つの画像が入った**PSD**データを素材に、切り抜きの効果を検証します。**選択とマスク**のワークスペースを使ってレイヤー1の画像を囲んでみましょう。

※属性ダイアログの詳細は次ページにまとめてあります。

選択範囲→選択とマスク

ORIGINAL 45.psd

① マスクワークスペースと表示について

❷

❶ ❸

作業後の画面

選択とマスクのワークスペースは **ツール❶、ツールオプション❷、属性❸**で成り立っています。右図は**オニオンスキン**を使用したワークスペースの表示画面（透明部分50%）です。オニオンスキンはレイヤーマスク出力後の画面をシミュレートするので出力前に作業後の確認ができる表示モードです。

作業前

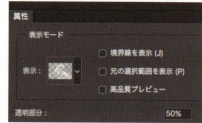

② 最初はクイック選択ツールで対象を囲む

作業前に**表示モード**をオーバーレイ❶、不透明度を**70**%に設定します。最初は**クイック選択ツール**❷で被写体をドラッグして全体を簡単に選択します。作例は**ブラシの直径**❸を**100 px**に設定してドラッグしました。

③ 次に境界線調整ツールでエッジを整える

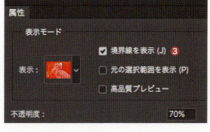

境界線調整ツール❶で選択した部分の境界線をぐるっとなぞるようにドラッグすると、境界のエッジを高い精度で調整してくれます。作例は**ブラシの直径**❷を**50 px**に設定してドラッグしました。

※**境界線を表示**❸を使うと、実際に境界線調整ツールで塗りつぶした部分を確認することができます。

④ 背景に馴染ませるために不要なカラーを除去する

表示モードを**オニオンスキン**❶、透明部分を100%❷に設定すると、境界部分に背景の緑が薄く残っています（左上図）。属性タブの**不要なカラーの除去**❸を適用率100%❹に設定して、薄い緑色を除去しましょう（右上図）。表示モードを黒に変更すると、かなり細かい部分まで調整していることが確認できます（下図）。 選択とマスクで行う作業はこれで終了です。後は**出力先**❺を決めてOKを押せば、通常のワークスペース画面に戻ります。

> **Memo...**
> **不要なカラーの除去**
> 不要なカラーの除去を使うと選択範囲とレイヤーマスクは出力することができません。

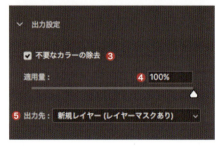

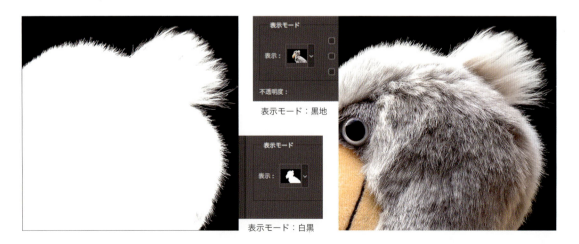

PHOTOSHOP CC
属性パネルの効果を検証する

クイック選択ツールで被写体を選択した状態（前ページ上段）から、属性パネルの効果を検証しました。境界線調整ツールを使用しなくても、属性パネルの設定だけで調整が済んでしまう場合がありますが、自動検出に任せると思わぬところでエッジを拾ってしまう可能性もあるので注意が必要です。

※選択とマスクで行う作業は、境界線の状態によって変化するのでプレビュー画面を確認しながらツールを使い分けましょう。

エッジの検出
半径：最大（250 px）
スマート半径：**オフ**
自動で境界線を検出するので、境界線調整ツールでドラッグするより作業は早いです。

エッジの検出
半径：最大（250 px）
スマート半径：**オン**
エッジの状態に応じて境界を自動調整します。表示を確認して必要かどうかを決めましょう。

グローバル調整（滑らかに）
滑らかに：最大（100）
滑らかなエッジが必要な場合に、補助的な効果として使用します。

グローバル調整（ぼかし）
ぼかし：10 px
境界線のエッジをぼかします。ぼかし幅の範囲が広いので調整には注意が必要です。

グローバル調整（コントラスト）
コントラスト：最大（100%）
全体の効果を判断してからエッジのコントラストを上げるので、調整は最後に。

グローバル調整（エッジをシフト）
エッジをシフト：最大（−100%）
境界の中心を内側（外側）にセットします。エッジをぼかしてから使用しましょう。

特集 | カメラのオブジェにレンズを合成する | 第1回 | PHOTOSHOP CC 2018

曲線ペンツールとペンツールを切り替えて、対象物を囲む

クリックするだけで簡単に曲線が引ける曲線ペンツール。直線は少し慣れが必要なので、ペンツールに切り替えて作業します。ここでは最初にカメラをパスで囲んだ後、レンズの合成、そしてスマートオブジェクトにするところまで4回連続で特集します。

COMPOSITE IMAGES

DOWNLOAD FOLDER No.46/4601

PHOTOSHOP CC 2018

曲線ペンツールとペンツールの切り替え方法

ここでは直線を**ペンツール**、曲線は**曲線ペンツール**と、ツールを切り替えて対象物をパスで囲みます。同じグループ内のツールを簡単に切り替えるため、フリーフォームペンツールのショートカットキーを**空欄**に設定しましょう（手順はP.021を参照）。

| Shift + P で曲線ペンツール ↔ ペンツールに切り替わります |

※CS6をお使いの方はペンツールで作業しましょう。

ORIGINAL 4601.jpg

曲線ペンツール　　ペンツール

① 最初にペンツールのツールモードを決めてから、外周をパスで囲みます

ペンツールを選択してカメラの外周をパスで囲みます。オプションバーのツールモードを**パス❶**に、パスの操作を**シェイプが重なる領域を中マド❷**に設定してから作業を始めましょう。

※パス作業には画面のビューを拡大／縮小する**ズームツール**と、画面を移動する時に使う**手のひらツール**のショートカットをセットで覚えておくと便利です。

| 画面の拡大 Space + command | 画面の縮小 Space+command+option | 手のひらツール shift |
| Windowsは Space + Ctrl | Windowsは Space + Ctrl + Alt | |

② 直線はペンツールで行う

ペンツールで、❶、❷の順に2箇所をクリックして直線を描きます。
※❶がパスの始点です。

次に、**Shift**と**P**を押して曲線**ペンツール**に切り替えた後、❸、❹の順にクリックすると❷から❹の間に曲線が出来上がります。
※曲線ツールに慣れるまでは、アンカーポイントの間隔を短めにクリックすると良いでしょう。

③ 曲がり過ぎたら
　アンカーポイントを追加して
　カーブを修正しよう

アンカーポイント間のカーブが曲がりすぎた場合は以下の順で修正します。

❶**曲線ツール**でパス上をクリックしてアンカーポイントを増やします。
❷そのまま**曲線ツール**をドラッグしてパスを境界に合わせます。

※曲線ペンツールは**アンカーポイントの追加ツール**を使わなくても、パス上をクリックするだけで追加できます。
※右図はアンカーポイントを2箇所追加してパスを修正しています。

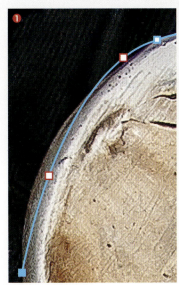 

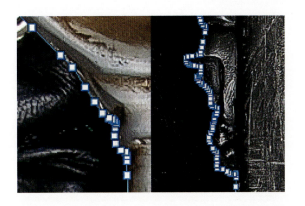

④ 細かいところは曲線ペンツールで
　刻むようにチクチクとクリック

曲線の切り返しや、その間に細かい直線などがある場合、戻って修正するより、細かくクリックしたほうが早いです。曲線の挙動に慣れるにつれて、アンカーポイントの数は自然と減っていくので気にせずクリックしましょう。
また、**ペンツール**と**曲線ペンツール**の切り替え後は、次のアンカーポイント❷（左下）を短めに作成するとパスの挙動が安定します。

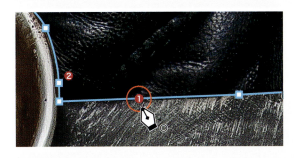

⑤ パスをつないで外周の完成

外周をぐるりと回って開始点❶が見えてきたら、最後に**開始点**をクリック（ツールアイコンの○印）すれば、パスがつながります。
※○印が出ない場合、どこかでパスが切れているので該当箇所を探して修正しましょう。

Memo...

悩んだらやりなおす、操作を連続して取り消すコマンドはPhotoshop CC 2019から2キーに変更

操作の取り消し **command + Z**
Windowsは Ctrl + Z

Photoshop CC 2019では、command（Ctrl）+ Zを繰り返すことで、修正したい作業箇所まで遡ってやりなおすことができますが、Photoshop CC 2018以前のバージョンは1つ前までです。　それ以上遡る場合はもう1つキーを押しましょう（P.021参照）。

| 特集 | カメラのオブジェにレンズを合成する | 第2回 | PHOTOSHOP CC / CS6 |

パスの操作とベクトルマスク

中マド設定のパス使って、穴の開いたベクトルマスクを作成します。ピクセルベースのレイヤーマスクに対して、ベクトルマスクは拡大してもエッジをシャープに保つメリットがあります。

46 02

COMPOSITE IMAGES

DOWNLOAD FOLDER No.46／4602

PHOTOSHOP CC / CS6
曲線ツール／ペンツールでカメラに穴を開ける

前ページで囲んだパスの前面に上下2箇所の穴を追加します。作業用パスの状態を確認して、問題なくパスに穴が開いていたら最後にパスを**ベクトルマスク**に追加します。

※CS6をお使いの方はペンツールで作業しましょう。

❶

❷

PHOTOSHOP CC / CS6
① サムネールを確認する

パスパネルのサムネールが図❶の状態になっているか確認します。パスを追加する時、**中マド設定（P.150）**のまま作業を続ければ、最終的には図❷の状態になります。

4602.psd

選択

未選択

PHOTOSHOP CC / CS6
② ペンツールで2箇所のパスを追加する

パスパネルの**作業用パス**をクリックして、作業用パスが選択状態になっているのを確認してからパスの追加作業を始めます。パスの操作は**中マド設定**のまま、ペンツールでカメラの上下に□と○のパスを追加します。

※ 作例はカメラ上部❶を**ペンツール**、下部❷は**曲線ペンツール**を使って作業しました。

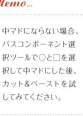

Memo...

中マドにならない場合、パスコンポーネント選択ツールで○と□を選択して中マドにした後、カット＆ペーストを試してみてください。

※CS6をお使いの方は背景をレイヤーに変換してからベクトルマスクを追加して下さい。

PHOTOSHOP CC / CS6

③ ベクトルマスクを作成する

パスパネルの**作業用パス**をクリックして、作成したパスを選択状態にしたまま、レイヤーメニューから**ベクトルマスク**を選択します。左図のようになればカメラの穴あけ作業は完成です。

> レイヤー→ベクトルマスク▶現在のパス

Memo...

作業用パスを選択範囲に変換してレイヤーマスクにする方法もあります

command(**Ctrl**)キーを押しながらパスサムネールをクリックすると、パスが選択範囲として読み込まれます。その状態でレイヤーマスクに追加もできますが、選択とマスクを使って境界線を調整後、レイヤーマスクに出力したほうが、切り抜きの仕上がりが良くなります。

4602_layer.psd

選択とマスク

エッジの検出
半径：5 px

グローバル調整
滑らかに：4
コントラスト：50%

特集 | カメラのオブジェにレンズを合成する | 第3回 | PHOTOSHOP CC

レンズを合成しよう

カメラに開けた2つの穴にインスタントカメラのファインダーとレンズを合成します。レイヤースタイルを使って合成の違和感を取り除き、ボディの質感を向上させてみましょう。

46 03
COMPOSITE IMAGES
DOWNLOAD FOLDER No.46/4603

PHOTOSHOP CC
ガラスの質感がリアル感を生み出す

パーツの配置はコピー&ペーストを使用します。前ページで作成した「穴」を利用して、本体の背面にファインダーとレンズを配置します。パーツ配置後は、**レイヤースタイル**を使って本体を仕上げます。

ORIGINAL　4603.jpg

① Camera Rawの自動補正で素材写真の向きを整える

レンズの歪みと微妙な角度で傾いた素材写真(右上)。Camera Rawの**変形ツール**を使って素材写真が正面に向くように自動補正します。P.026(左下)の手順を参考に**フル❶**(水平/垂直の遠近法の補正を行う)を使用して素材写真の向きを整えます。

※CS6をお使いの方は編集メニューの変形コマンドを使って下さい。

② 本体の背面にレンズをペーストする

長方形選択ツールで素材写真のファインダー/レンズを選択後、コピー。そのまま前ページで作成した本体カメラにペーストします。続いて、レイヤーパネルをドラッグしてペーストした2つのパーツを本体の背面に移動します。最後に**移動ツール**でパーツの位置を合わせた後、編集メニューの**拡大・縮小**を使ってサイズを調整します。

編集→変形▶拡大・縮小

Memo...
option(Alt)キーとshiftを押しながら変形ハンドルをドラッグすると、比率を保ちつつ、画像の中心を基準に拡大・縮小します。

③ 光彩（外側）の効果を本体側に試す

レイヤースタイルの効果を本体カメラに適用します。P.067を参考にしながら光彩（外側）の効果を使ってガラスの表面に光彩の効果を適用します。

レイヤー→レイヤースタイル▶光彩（外側）

❶ 描画モード：オーバーレイ
❷ 不透明度：50%
❸ サイズ：150 px
※ノイズ、スプレッドは0%

❷ 描画モード：焼き込みカラー　※チョーク、ノイズは0%
❸ 不透明度：50%　❺ 距離：65 px
❹ 角度：60°　　　❻ サイズ：150 px

④ シャドウ（内側）の効果でボディに鉄の質感を与える

レイヤースタイルダイアログ左側の項目からシャドウ（内側）❶を選択します。描画モードを焼き込みカラーにすることで、本体の黒い部分が強調され、本体のボディに鉄の質感を加えた状態でレンズの合成作業は完成です。

合成ベースに使用したアンティークな形状の二眼カメラはレジンのオブジェ。上図は4604で完成した状態です。

特集 FINISH / カメラのオブジェにレンズを合成する 第4回

PHOTOSHOP CC / CS6

ベクトルマスクを加えて
合成カメラの完成

46 04

COMPOSITE IMAGES

DOWNLOAD FOLDER No.46/4604

特集ページもいよいよ大詰め。合成最後の仕上げはスマートオブジェクトとベクトルマスク。パスパネルに残っている作業用パスを使ってベクトルマスクを作成すれば完成です。

PHOTOSHOP CC / CS6
光彩（外側）の効果が背景に影響している

P.155で完成した合成画像をスマートオブジェクトに変換します。現状のまま後ろに背景を入れてみると、光彩（外側）の効果が背景に影響を与えた状態になっています（右図）。最後の作業はパスパネルに残っている「作業用パス」を使って、スマートオブジェクトにベクトルマスクを追加、背景に影響している光彩の効果をマスクします。

上下の穴を削除して
ベクトルマスクを追加すれば完成

右ページ※を参考に、作成した合成画像を**スマートオブジェクトに変換**後、パスパネルの作業用パス❶をクリックして、画面上にパスを表示させます。次に**パスコンポーネント選択ツール**❷で上下の□と○を選択後、**delete**キーを押して削除します。最後に、外側のパスが表示状態のままレイヤーメニュー❸を使ってベクトルマスクを作成すれば完成です。

※右ページ上段（スマートオブジェクトの変換）。

❸　レイヤー→ベクトルマスク▶現在のパス

※完成したスマートオブジェクトはP.220（Section 05）で使用します。

複数のレイヤーをひとつにまとめる方法
スマートオブジェクトとレイヤーグループ

PHOTOSHOP CC / CS6
スマートオブジェクトの変換

複数のレイヤーをひとつにまとめる方法は簡単です。最初に **shift キー**を押しながら複数のレイヤーを選択後、レイヤーメニューの**スマートオブジェクトに変換**❶、または**グループ化**❷を実行するだけで完了します。

スマートオブジェクト

❶ レイヤー→スマートオブジェクト▶スマートオブジェクトに変換

❷ command + G 　Windowsは Ctrl + G

グループ

スマートオブジェクトとグループ化について

PHOTOSHOP CC / CS6

複数のレイヤーをまとめて表示や移動が行えるグループ化。グループはレイヤースタイルを適用することができますが、フィルターは対応していません。グループをスマートオブジェクト（スマートフィルター）に変換する必要があります。

PHOTOSHOP CC

スマートオブジェクトは**属性パネル**で管理します。通常は埋め込みスマートオブジェクトになりますが、属性パネルの**リンクされたアイテムに変換**をクリックすると、埋め込みからリンク配置（**P.132**参照）に変更することができます。また、**コンテンツを編集**をクリックすると埋め込み、またはリンク先のファイルが開き、再保存で自動更新します。

Memo...

　　スマートフィルター　スマートオブジェクトにフィルターの効果を適用すると、その呼称がスマートオブジェクトからスマートフィルターに変わります。

スマートオブジェクトやグループを別の画像ファイルに移動する方法
ドラッグ&ドロップとグループを複製

PHOTOSHOP CC / CS6

スマートオブジェクト、グループ、レイヤーは別の画像ファイルにドラッグで移動ができます。タブの場合はタブ上にドラッグしてファイルタブが切り替わるまでマウスをプレスした状態にしておく必要があります。また、双方の画面サイズが同じ場合は**shiftキー**を押しながらドラッグすると、移動前のファイルと同じ位置に移動することができます。

PHOTOSHOP CC / CS6
グループを複製を使った瞬間移動

レイヤー→グループを複製を使えば保存先のドキュメントを選択するだけで、移動前のファイルと同じ位置にグループごと一瞬で移動することができます。
※移動後のグループ解除とセットで覚えておくと便利です。

グループを解除　command（Ctrl）+ shift + G

ドラッグ

ドロップ

THE 4TH SECTION 作例 START ▶

ILLUSTRATOR CC / CS6

1 イラストレーターでロゴを作ろう

文字ツールでテキストを入力後、**オブジェクト→変形▶シアー**と回転ツールを使って文字を変形します。この後、作成したロゴはPhotoshopにペーストして、シェイプレイヤーに変換します。文字はすべて**書式→アウトラインを作成**を実行しておきましょう。

※作例の数値は参考値です。

文字ツール

シアー
シアーの角度：−170°
方向：水平

Nagy csarnok

回転（角度）：6°

Nagy csarnok

シアー：−170°

Nagy csarnok

Aristocrat　130Q ／ 62Q　水平比率：95%

47

COMPOSITE IMAGES

DOWNLOAD FOLDER No.47

PHOTOSHOP CC / CS6　**ILLUSTRATOR CC** / CS6

3つの素材で作る
ガラス窓の映り込み

ここからは「合成」をテーマにした作例ページがスタートします。最初はリファレンスで解説した「ガラス窓の映り込み」です。背景と映り込み写真の間にIllustratorで作るロゴを挟み、奥行きを意識したリアルな合成写真に仕上げてみましょう。

ORIGINAL　47c.ai

ORIGINAL　47a.jpg

ORIGINAL　47b.jpg

ILLUSTRATOR CC / CS6

[2] 可変線幅プロファイルで飾り罫を作る

曲線ツールをクリックして飾り罫を作成後、**線幅**を **4.5mm**、プロファイルを「**線幅プロファイル6**」に設定して飾り罫を完成させます。続いて、アウトライン化した文字と飾り罫を組み合わせた後、**編集→コピー**を実行しておきます。

※CS6をお使いの方はペンツールを使用して下さい。

※線幅プロファイルをアウトライン化したい場合は、**オブジェクト→アピアランスを分割**を実行します。

アウトライン後コピーする

線幅プロファイル6

4.5mm

1mm

曲線ツール

GREAT MARKET HALL

Phosphate Inline　30Q　トラッキング　280

PHOTOSHOP CC / CS6

3 トーンカーブでシャドウを明るくする

素材写真47a.jpgを開いた後、**イメージ→色調補正▶トーンカーブ**を選択してダイアログボックスを開きます。続いて左下の**シャドウの制御点❶**をクリック後、そのまま制御点を上にドラッグ、または**出力**に数値を入力してシャドウの調子を明るくします。

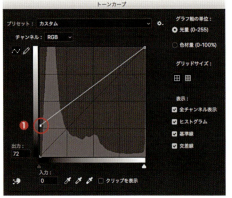

トーンカーブ
出力：72
入力：0
グラフ軸：光量

PHOTOSHOP CC / CS6

4 ロゴをペーストしてシェイプレイヤーに変換する

編集→ペーストを実行して、手順2でコピーしたロゴを素材写真の前面へペーストします。
※ペースト形式は**シェイプレイヤー**です。

ペースト後、**編集→パスを変形▶拡大・縮小**を使ってロゴの大きさと位置を調整します。
※作例は205％拡大しています。
※レイヤーパネルの**シェイプ1**をダブルクリックするとカラーピッカーが開くので、ロゴの色を白に設定しておきましょう。

#ffffff
（カラーコード）

PHOTOSHOP CC / CS6

5 映り込み用の写真をペーストする

映り込み用の素材写真 47b.jpg を開いた後、**選択範囲→すべてを選択、編集→コピー**の順に実行します。続いて作業中の画像ファイルに戻り、**編集→ペースト**を実行して最前面に写真を配置します。そのままレイヤーパネルの描画モードを**焼き込み（リニア）**、**塗り**を **23%** に設定すれば完成です。

Variation...

映り込み画像と背景画像を入れ替えた例

最前面の映り込み画像と背景を入れ替えてみました。背景画像のトーンカーブは手順3の状態から、ハイライトの制御点を下へ移動（出力：184／入力：255）、

最前面の映り込み画像（レイヤー1）の描画モードを**焼き込みカラー**、**塗り**を **38%** に設定しました（焼き込みカラーの影響でロゴの映り込みは消えています）。

48

COMPOSITE IMAGES

PHOTOSHOP CC

背景に馴染ませる切り抜きの合成術

切り抜き画像を背景に馴染ませるポイントは「共通の色調」。ここではブラシで描いた白と黒のぼかし画像とCamera Rawのプリセットで共通の色調を表現します。それから、切り抜き画像を配置する「位置」も重要です。撮影時の視点を想像しながら、違和感のない位置に切り抜き画像を配置しましょう。

ORIGINAL 48a.jpg

ORIGINAL 48b.jpg

1 曲線ペンツール／ペンツールで対象物を囲み パスを選択範囲に変えてコピーします

48b.jpgを開きます。P.150を参考に**曲線ペンツールとペンツール**を使って対象物をパスで囲んだ後、パスパネルの作業用パスを**command（Ctrl）＋クリック**して選択範囲を作成します。そのまま**編集→コピー**を実行しましょう。

※クイック選択ツールで選択範囲を作成しても**OK**です。

曲線ペンツール

ペンツール

2 フィールドぼかしのピンを3箇所に配置してぼかす

背景に使用する素材画像**48a.jpg**を開いた後、**フィルター→ぼかしギャラリー▶フィールドぼかし**を選択します。**ぼかしピン**を角に3箇所設置して右上の角を中心に写真をぼかします。

続いて**イメージ→カンバスサイズ**を選択してダイアログを開き、**基準位置**を左端❹に設定後、写真の横幅を右方向に拡張します。
※**4000 px**から**5250 px**に拡張します。

ORIGINAL 48a.jpg

フィールドぼかし
❶ ぼかし：**12 px**
❷ ぼかし：**8 px**
❸ ぼかし：**6 px**

カンバスサイズ
幅：**5250 pixel**

3 共通の明／暗レイヤーを作って
切り抜き写真を背景に馴染ませる

編集→ペーストを実行して、手順1でコピーした切り抜き写真を拡張した部分に配置します❶。
※作例は92％縮小後、右下の角に合わせて配置しました。

続いて**レイヤー→新規▶レイヤー**を実行して、レイヤーパネルの最前面に透明レイヤー（レイヤー2）を作成します。そのまま**ブラシツール**で写真上部を白く、下部を黒くぼかすように塗ります❷。消しゴムツール、**不透明度**、**ブラシサイズ**を切り替えながらぼかすように描画した後、最後にレイヤーパネルの**不透明度**を**40**％に設定します❸。

プリセット
クリエイティブ
クールライト
周辺光量補正：中
※参考値。

4 Camera Rawのプリセットで
色調を揃えて完成です

レイヤー→画像を統合を実行後、**フィルター→Camera Rawフィルター**を選択します。画像調整タブを**プリセット**に切り替えた後、2つのプリセットを選択して色調を揃えれば完成です。

※作例は完成後に写真上部をトリミングしています。

49

COMPOSITE IMAGES

DOWNLOAD FOLDER No.49

PHOTOSHOP CC / CS6

多重合成の
ハイコントラスト仕上げ

人物と建物風景のエフェクティブな多重合成です。
人物のシルエットを使って建物を合成後、コントラスト
の高いすっきりした写真に仕上げます。色調バランス
を考えながら、調整レイヤーとグラデーション塗り
つぶしレイヤーを使って、ハイコントラストが効いた
格好良い写真に仕上げましょう。

ORIGINAL 49a.jpg Photo by Márton Erős

ORIGINAL 49b.jpg

1 被写体を選択〜選択とマスクの流れから塗り分けた領域をレイヤーマスクに書き出す

人物写真（49a.jpg）を開いてシルエットをマスクします。最初に**選択範囲→被写体を選択**（CS6はクイック選択ツール）を実行して、人物を選択範囲で囲んだ後、**選択範囲→選択とマスク**を実行します。マスクワークスペース（P.146参照）の**境界線調整ブラシツール**と**ブラシツール**を使って人物と背景の境界を整えた後、**レイヤーマスク**に出力❶します。

※作例は**20 px**のブラシツールと**15 px**の境界線調整ブラシツールを併用しながら境界を整えました。

2 風景写真をペースト後べた塗りを背景にする

風景写真（49b.jpg）を開いた後、**選択範囲→すべてを選択**、**編集→コピー**の順に実行します。次に編集中の画像（49a.jpg）に戻り、**編集→ペースト**を実行します。

最背面が透明状態なので、**レイヤー→新規塗りつぶしレイヤー▶べた塗り**を使って、最背面にべた塗り（白）を配置します。そのまま**レイヤー→新規▶レイヤーから背景へ**を実行して、べた塗りレイヤーを背景（白）に変換しましょう。

3 風景写真をシルエットでマスクする

レイヤーパネルから最前面のレイヤー（レイヤー1）を選択します。次に**command（Ctrl）**キーを押しながら、レイヤー0の**レイヤーマスクサムネール**❶をクリックして選択範囲を作成後、レイヤーパネルの❷を押して最前面のレイヤーにレイヤーマスクを追加します。そのまま、レイヤーの描画モードを**リニアライト**、**塗り**を**50%**に設定して人物に合成します。

4 レイヤーマスクのリンクを外して風景写真の位置を調整する

風景写真の時計が顔にかかっているので、大きさと位置を調整します。最初にレイヤー1とレイヤーマスクのリンクをクリックして外します。続いてレイヤー1のレイヤーサムネールを選択後、風景写真の大きさと位置を調整します。

※作例は**編集→自由変形**を使って**128**％拡大、**3.4°**回転後、**移動ツール**で時計の位置を移動しました。

レイヤーマスクのリンク

5 レイヤーマスクを塗り足して顔にかかっている建物を消す

レイヤーマスクを編集して、顔にかかっている建物を消去します。レイヤー1の**レイヤーマスクサムネール**を選択後、**ブラシツール**を使って顔の部分を中心に黒で描画します。

※作例は直径**1000 px**（不透明度**50**％）と、直径**200 px**（不透明度**100**％）の**ソフト円ブラシ**を使ってレイヤーマスクを描画しました。

6 調整レイヤーの「白黒」を使って写真の彩度を調整する

レイヤー→新規調整レイヤー▶白黒を選択します。左図を参考に属性パネルの**6カラー**を調整後、レイヤーパネルの**不透明度**を**35**％に設定して彩度を落とします。

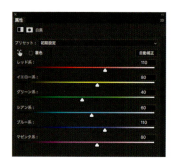

白黒

レッド系：110
イエロー系：80
グリーン系：40
シアン系：60
ブルー系：110
マゼンタ系：80

描画モード：通常　不透明度：35％

7 グラデーション塗りつぶしレイヤーをオーバーレイで合成する

レイヤー→新規塗りつぶしレイヤー▶グラデーションを選択して、上（アイボリー）から下（グリーン）に変化する**90°の線形グラデーション**をレイヤーの最前面に作成後、レイヤーパネルの描画モードを**オーバーレイ**に変更して写真全体にグラデーションを合成します。

描画モード：オーバーレイ

スタイル：線形　角度：90°　比率：100%

① 不透明度：100%
② カラー：#013a31（カラーコード）
　 位置：0%
③ 不透明度：100%
④ カラー：#c8c1b5（カラーコード）
　 位置：40%

8 調整レイヤーの「露光量」でハイコントラストに仕上げる

レイヤー→新規調整レイヤー▶露光量を選択します。属性パネルの**露光量**と**ガンマ**を調整してコントラストの高い白飛び写真に加工して完成です。

※作例はニットキャップ（タグ）の白飛びをレイヤーマスクで修正しています。

露光量
露光量：+0.50
オフセット：0
ガンマ：0.85

テクスチャーを合成してノイズを表現する

ピントのぼけた街の写真に、コンクリート床のテクスチャーを使ってノイズを合成します。フィルム粒子の荒いモノクロームのイメージをCamera Rawを使って表現してみましょう。

50
COMPOSITE IMAGES

DOWNLOAD FOLDER No.50

ORIGINAL 50a.jpg

ORIGINAL 50b.jpg

基本補正

色温度：+68
色かぶり補正：−16

露光量：−0.25
コントラスト：+70
ハイライト：−100
シャドウ：−55
白レベル：−40
黒レベル：−15

明瞭度：+40
かすみの除去：−30
自然な彩度：−70
彩度：−40

レンズ補正
周辺光量補正
適用量：−70
中心点：0

1 テクスチャーの中央を消去してから オーバーレイで合成する

最初にコピー&ペーストを使ってコンクリート床のテクスチャーを背景（街の写真）の前面にペーストします。続いて**消しゴムツール**でテクスチャーの中央部分をぼかしながら消去後、レイヤーパネルの描画モードを**オーバーレイ**、**不透明度**を**30**%に設定して背景に合成します。

※作例は直径**500 px**のソフト円ブラシを使用しました。

2 Camera Rawを使って モノクローム風に画像を調整する

レイヤー→画像を統合を実行後、**フィルター→Camera Rawフィルター**を選択して、基本補正のワークスペースを開きます。左図の数値を参考に、写真のイメージを彩度の落ちたモノクローム風に調整後、画像調整タブを**レンズ補正**に切り替えて、周辺光量を落とせば完成です。

ORIGINAL 51a.jpg

ORIGINAL 51b.jpg

ORIGINAL 51c.jpg

COMPOSITE IMAGES **51** THE 4TH SECTION

51

COMPOSITE IMAGES

DOWNLOAD FOLDER No.51

PHOTOSHOP CC / CS6 **ILLUSTRATOR CC** / CS6

計算された多重合成
狼のシルエットコラージュ

狼のシルエット（P.254参照）を使った多重合成のコラージュです。狼の体毛を思わせる毛足の長いカラーラグ、メガネにも見えるスクーターのサイドミラー、そして光が差し込む湯けむりのような雲の写真、すべての素材を組み合わせて合成します。

ここではシェイプの操作、ベクトルマスク、レイヤーマスクのリンク解除、レイヤーの表示／非表示、そしてクイックマスクモードを使って切り抜いた写真を編集するのが課題です。レイヤーの操作テクニックをひとつづつ確認しながら作業しましょう。

ORIGINAL
51d.ai

ORIGINAL 51e.jpg

1 コピー／ペーストを使って2つの写真をハードライトで合成する

カラーラグの写真（**51a.jpg**）をベースに合成します。最初に街の写真（**51b.jpg**）を開いて**選択範囲→すべてを選択**、**編集→コピー**の順に実行後、ベース写真に対して**編集→ペースト**を実行します。ペーストした写真は描画モードを**ハードライト**、塗りを**55%**に設定して背景に合成します。続いて、雲の写真（**51c.jpg**）も同様の操作でベース写真にペースト後、描画モードを**ハードライト**、塗りを**85%**に設定します。

ハードライト　塗り：55%

ハードライト　塗り：85%

ILLUSTRATOR CC / CS6 → PHOTOSHOP CC / CS6

2 狼のシルエットをコピーしてベース写真にペーストする（ベクトルマスク）

Illustratorで狼のシルエット（**51d.ai**）を開いてコピーします。続いて、Photoshopに戻りベース写真に対して**ペースト**を実行します（ペースト形式を**パス**で実行すると、自動的に雲の写真の**ベクトルマスク**になります）。

次の手順では、ベクトルマスクを編集するので、ピクセルレイヤーとの**リンクを解除**❶しておきましょう。

※CS6をお使いの方は、パスが表示状態のまま**レイヤー→ベクトルマスク▶現在のパス**を実行して下さい。

3 パスを操作して
ベクトルマスクを編集する

パスコンポーネント選択ツールを使って、パスパネルの「**レイヤー2ベクトルマスク**」をクリックして画面上に狼のシェイプパスを表示させます。

※既にシェイプパスが表示状態の場合、この操作は必要ありません。

パスコンポーネント選択ツールで表示中のパスを選択後、**編集→パスを自由変形**を使ってシェイプを**120%**拡大します。続いてコントロールパネルのパスの操作を「**前面シェイプを削除**」に切り替えてマスクを反転します。

前面シェイプを削除

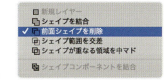

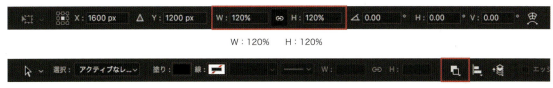

W：120%　H：120%

前面シェイプを削除

4 狼のシェイプを移動して
目の位置をミラーに合わせる

パスコンポーネント選択ツールでパスを左下に移動して、狼の目の位置をサイドミラーに合わせます。

5　映り込み写真をペースト後レイヤーを非表示にする

映り込み用の写真（**51e.jpg**）を作業中のベース写真にペーストします。

次の手順では、クイックマスクモードに切り替えるので、瞳のアイコンを閉じてレイヤー3を**非表示**❶にします。

6　クイックマスクを使ってレイヤーマスクを作成する

ツールパネルのアイコン❶を押して画面を**クイックマスクモード**にします。そのまま**ブラシツール**で眼鏡のレンズを黒く塗りつぶします。
※作例は直径**10 px**の**ハード円ブラシ**を使用。

クイックマスクモードで編集　❶

ツールパネルの❷を押して画面を**通常モード**に戻します。選択範囲が表示状態のまま、**レイヤー→レイヤーマスク▶選択範囲をマスク**を実行します。

画像描画モードで編集　❷

7 レイヤーを表示状態に戻して
レイヤーとマスクのリンクを解除する

瞳のアイコンを押してレイヤー3を**表示状態**❶に戻した後、レイヤーとマスクの**リンクを解除**❷します。

次の手順では、映り込み写真を変形するので、レイヤーサムネールを選択して編集モードを切り替えておきます。

8 映り込み用の写真を縮小して
レイヤーマスクの穴に合わせる

映り込み用の写真を縮小してレイヤーマスクの穴に位置を合わせます。作例では**編集→自由変形**を選択後、オプションバーを使って**10%**に縮小、そのままレンズの位置に写真を移動後、**return（Enter）**キーで変形を確定しました。

最後は映り込み用のレイヤー（レイヤー3）に対して、レイヤーパネルの描画モードを**リニアライト**、**塗り**を**75%**に設定して完成です。

52

COMPOSITE IMAGES

DOWNLOAD FOLDER No.52

PHOTOSHOP CC / CS6

操作パネルの「擬人化」
合成コラージュ

コーヒーマシンの操作パネルを合成した擬人化コラージュです。多角形選択ツールで切り出した3つのパーツを移動して、操作パネルを「顔」に作り変えます。調整レイヤーの露光量でパネルの黒地を調整後、ブラシツールと消しゴムツールを使ってフラットに仕上げましょう。

ORIGINAL 52.jpg

1 多角形選択ツールで切り出したパーツを 90°回転して左目をつくる

上図（左）の形状を参考に、**多角形選択ツール**を使って「左目」部分を選択します。そのままcommand（Ctrl）+ Jキーを押して、選択範囲からレイヤーを作成（レイヤー1）後、**編集→変形▶90°回転（時計回り）** を実行します。

2 移動ツールで左目の位置を調整後、水平方向に反転／コピーして右目をつくる

上図（左）の位置を参考に、**移動ツール**でレイヤー1を左上に移動します。続いてcommand（Ctrl）+ Jキーを押してレイヤー1を複製後、**編集→変形▶水平方向に反転**を実行します。

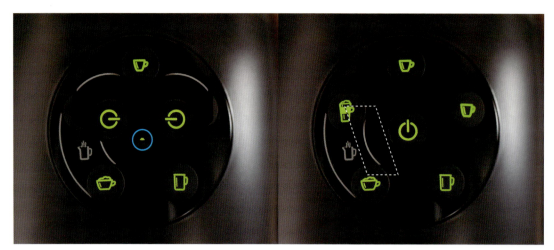

※多角形選択ツールで切り抜くなどして鼻の位置を調整しましょう。

3 右目を移動して位置を確定した後は
多角形選択ツールで「くち」の部分を選択する

shiftキーを押しながら、**移動ツール**で**レイヤー1のコピー**を右へドラッグ後、2つのレイヤーを非表示❶にします。続いて**背景**を選択、そのまま上図（右）の形状を参考に**多角形選択ツール**で「くち」の部分を選択します。

4 選択範囲から切り出したパーツを
−71°回転して「口もと」を作る

command（Ctrl）＋ Jキーを押して、**背景**の選択範囲からレイヤーを作成します（レイヤー2）。そのまま**編集▶変形▶回転**を選択、オプションバーに数値を入れて「くち」の部分を−71°回転後、**移動ツール**で右下へ移動します。

※移動後は**return**または**Enter**キーで変形の確定をします。

※作成した3つのレイヤーで、パネルからはみ出した部分や、ほかのパーツに干渉してしまった部分は消しゴムツールを使って修正しておきましょう。

5 「露光量」でパネルを黒く調整する

非表示レイヤーを表示状態に戻した後、最上段のレイヤーを選択します。そのまま❶を押して、調整レイヤーの**露光量**を選択、属性パネルを操作して黒の階調差が目立たないようにコントラストを調整しましょう。

露光量　露光量：＋0.50
　　　　オフセット：−0.0080
　　　　ガンマ：1.10

6 最後はブラシで黒く塗りつぶして完成

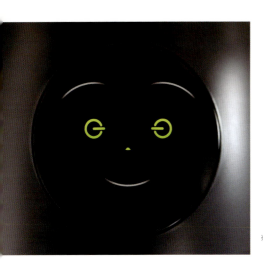

レイヤーパネルの❶を押して最前面に新規レイヤーを作成します。**ブラシツール**を使って、不要な部分を黒で塗りつぶせば完成です。

※作例は直径 500 px・300 px・50 px のソフト円ブラシを使い分けて塗りつぶしました。

Variation...
表情の変化は簡単にできます

背景を黒くしておけば、簡単に表情を変えることができます。丸く切り抜いてアイコン化するのも面白いかもしれません。

COMPOSITE IMAGES **53** THE 4TH SECTION

53
COMPOSITE IMAGES

DOWNLOAD FOLDER No.53

PHOTOSHOP CC / CS6

写真を立体的に仕上げるブラシツールのワザ

ORIGINAL 53a.jpg

ORIGINAL 53b.jpg

白と黒の2つのブラシを使って、被写体を立体的に仕上げる切り抜き合成写真です。背景のレンガ壁は大きいブラシを叩くように描画、切り抜き写真は小さいブラシで陰影を細かくレタッチして被写体を立体的に仕上げます。最初はペンツールを使って被写体の路面電車を切り抜くところからはじめましょう。

1 ペンツールで切り抜いたパスをベクトルマスクに変換する

最初に**ペンツール**で路面電車を切り抜きます。ペンツールでパスを作成する際のポイントは**2**つ。最初に「中マド❶」に設定してから作業を始める事と、境界線の内側をパスで囲むことです。完成したパスは**レイヤー→ベクトルマスク▶現在のパス**を実行してベクトルマスクに変換します（P.156参照）。

※次ページでは、レンガ壁の写真に切り抜いた電車をドラッグで移動します。

 シェイプが重なる領域を中マド

※CS6をお使いの方は背景をレイヤーに変換してからベクトルマスクを追加して下さい。

2 レンガ壁の上に路面電車を配置

背景画像**53b.jpg**を開いた後、手順1で切り抜いた画像を背景のレンガ壁に移動します。レイヤーパネルのレイヤーサムネールを背景画像のレンガ壁の画面上にドラッグ、または**移動ツール**で切り抜いた画像を直接レンガ壁の画面上にドラッグ＆ドロップ後、位置を調整します（**レイヤー1**）。

移動の際、**shift**キーを押しながらドラッグすると、背景写真の中央に切り抜き写真が移動します。タブの場合、移動する写真を背景写真のタブ上にドラッグしたまま、画面が切り替わるのを待ちます。その後、背景写真の上までカーソルを移動してからマウスを離せば移動が完了します。

レイヤー1（路面電車＋ベクトルマスク）

3 背景の上にレイヤーを作成して ブラシツールで黒く塗り重ねる

レイヤーパネルの**背景**を選択後、**レイヤー→新規▶レイヤー**を実行します。続いてレイヤーの描画モードを**乗算**、不透明度を**50%**に設定後、**ブラシツール**を使って路面電車の周囲を黒く塗り重ねるように描画します（**レイヤー2**）。

同様の手順で新規レイヤーを追加、作成します。描画モードを**焼き込み（リニア）**、塗りを**40%**に設定後、レイヤー2と同じようにブラシを使って、透明レイヤーを黒く塗り重ねます（**レイヤー3**）。

※作例は**ブラシツール**と**消しゴムツール**（共に直径**800 px**のソフト円ブラシ）を使ってレイヤーを切り替えつつ、クリックしながら描画しています。ブラシの不透明度を低めに設定して薄く塗り重ねるように描画しましょう。

レイヤー2　乗算（不透明度50%）

レイヤー3　焼き込み（リニア）（塗り40%）

レイヤー4　影を強調：黒で描画　覆い焼きリニア（塗り：12%）　　　　レイヤー5　明るさを強調：白で描画　覆い焼きカラー（塗り：18%）

4　路面電車の上にレイヤーを作成して ブラシツールで黒く（白く）描画する

レイヤーパネルからレイヤー1を選択後、**レイヤー→新規▶レイヤー**を選択、**クリッピングマスク❶**をチェックしてOKをクリックします。続いてレイヤーの描画モードを**焼き込み**（**リニア**）、塗りを**12%**に調整後、**ブラシツール（5〜100 px）**と消しゴムツールで影の部分や、特に黒く強調したい部分を細かく「黒」で描画します（**レイヤー4**）。

同様の手順で新規レイヤー（クリッピングマスク**ON**）を作成します。描画モードを**覆い焼きカラー**、**塗り**を**18%**に設定後、今度は描画色を「白」に切り替えて、光沢部分のハイライトや明るく強調したい部分をブラシで細かく描画すれば完成です（**レイヤー5**）。

下のレイヤーを使用してクリッピングマスクを作成。

THE 5TH SECTION

TRANSFORMATION

写真を「変形操作」して 景色を作り変えてみよう

PHOTOSHOP
ワープ変形・魚眼レンズ
遠近法ワープ
バニシングポイント

ILLUSTRATOR
エンベロープ・3D回転
パスの自由変形

変形フィルター、遠近法、ワープなどのコマンド以外にも、分割や立体化のように変形で表現する方法は沢山あります。ここでは変形に関係する操作テクニックや、Illustratorで作るデザインパーツの変形方法について解説します。

このセクションでは、シンプルな写真を「思わず見入ってしまう作品」に作り変える変形のテクニックをテーマに進めます。QUICK REFERENCEで予習をしてから、実際に作例を使って学んでいきましょう。

QUICK **REFERENCE** THE 5TH SECTION

PHOTOSHOP CC / CS6　ILLUSTRATOR CC / CS6

思い通りに写真を作り変える
変形のテクニックを学ぼう

拡大・縮小、ゆがみ、自由な変形をはじめ、ワープや球面などフィルターを使った変形効果。技を学ぶ第一歩として、まずは画像やパーツの変形方法や種類について考えてみましょう。

54
TRANSFORMATION
DOWNLOAD FOLDER No.54

PHOTOSHOP CC / CS6

「編集メニュー」の基本変形は
需要度が高い変形コマンド

編集メニューに収められている拡大・縮小などの変形コマンドは、ピクセル画像以外にも、マスクやシェイプ（パス）を変形することができます。また **option（Alt）キー** を押しながら、各コマンドを選択すると、**変形後の画像を新しいレイヤーに複製** することができます。

DOWNLOAD FOLDER No.54
ORIGINAL
54a〜54c.jpg

遠近法・自由な形に

PHOTOSHOP CC / CS6

「フィルターメニュー」の変形効果
エフェクトの古参組は変形に特化

シアー、ジグザグ、つまむ、渦巻き、球面、極座標などの変形エフェクトはフィルターメニュー内に収められています。フィルターギャラリーの中にも変形がありますが、こちらは変形よりもエフェクト寄り。フィルターギャラリーは Illustrator の Photoshop 効果の中にも収まっています。

DOWNLOAD FOLDER No.54
ORIGINAL
54d.jpg

球面フィルター

PHOTOSHOP CC / CS6　ILLUSTRATOR CC / CS6

「編集メニュー」のワープ変形 (Photoshop)
Illustratorは2箇所に存在している

Photoshop のワープは編集メニューの変形（サブメニュー）に収められているワープのほかに、**パペットワープ** と **遠近法ワープ** の3種類があります。
Illustrator のワープは効果メニューと、オブジェクトメニュー（エンベロープ）の2箇所に存在しています。円弧、アーチ、膨張などプリセットの内容は **Photoshop** と共通です。
また、パペットワープも Illustrator では、**パペットワープツール** として登場しています。
※Illustrator の変形効果は、P.200〜で **3D回転** と **パスの自由変形** について解説しています。

DOWNLOAD FOLDER No.61
→ P213

ワープ（アーチ）

PHOTOSHOP CC / CS6

専用のワークスペースで操作する
「フィルターメニュー」上段のツール群

フィルターメニューの上段には専用のワークスペースで操作するフィルターが揃っています。プラグインフィルターの **Camera Raw**※をはじめ、**広角補正**、**レンズ補正**、**ゆがみ**、**Vanishing Point** 等のフィルターが格納されています（フィルターギャラリーは、昔から存在している特殊エフェクトをワークスペースにまとめたものです）。
また、写真の歪みを補正するフィルターはレンズ補正、広角補正のほかに、**Upright** 技術を使った **Camera Raw フィルター** の **変形ツール** があります。
※Camera Raw 9.1.1をインストールすればCS6もCamera Rawを使用できます。

DOWNLOAD FOLDER No.63
→ P219

Vanishing Point

PHOTOSHOP CC / CS6　ILLUSTRATOR CC / CS6

PhotoshopとIllustratorのワープについて整理してみよう

PhotoshopとIllustratorのワープ変形。プリセットに格納された15種類のスタイルは共通ですが、格納場所や性質、使用方法にはそれぞれ特徴があります。ここではワープの種類や変形コマンドについて簡単に整理してみましょう。

PHOTOSHOP CC / CS6
Photoshopのワープはオプションバーから操作する

Photoshopのワープは編集メニューの変形コマンドから選択します。レイヤー状態で動作するので、**背景では操作できません**。基本的な操作は**オプションバー**の「アーチ」や「旗」など15種類のプリセットを使用する方法とプリセットメニューの一番上にある「カスタム」を使用する方法の2パターン。**カスタム**はコントロールポイントやバウンディングボックスを操作して、画像を自由に変形することができます。
※缶にラベルを巻きつける時などに使用します。

編集→変形▶ワープ

❶ 円弧
❷ 下弦
❸ 上弦
❹ アーチ
❺ でこぼこ
❻ 貝殻（下向き）
❼ 貝殻（上向き）
❽ 旗
❾ 波形
❿ 魚形
⓫ 上昇
⓬ 魚眼レンズ
⓭ 膨張
⓮ 絞り込み
⓯ ねじり

PHOTOSHOP CC / CS6
編集メニューに格納されている変形コマンドは連携して操作できる

変形する度に確定ボタンを押さなくても、形が決まるまで11種類の変形コマンドを繰り返すことができます。例えば画像を**回転**した状態で、再び編集メニューから**ワープ**を選択すると回転状態からワープというように、変形内容を積み重ねることができます。この方法は、変形による画質劣化の防止と、確定するまでやり直せるメリットがあります。また、11種類の変形コマンドは**スマートオブジェクト**にも対応しているので、保存後に調整することも可能です。

フィルター→スマートフィルター用に変換

※スマートフィルターとスマートオブジェクトの関係（P.156参照）。

❶ 拡大・縮小
❷ 回転
❸ ゆがみ
❹ 自由な形に
❺ 遠近法
❻ ワープ
❼ 180°回転
❽ 90°回転（時計回り）
❾ 90°回転（反時計回り）
❿ 水平方向に反転
⓫ 垂直方向に反転

PHOTOSHOP CC
Photoshopにはワープ変形以外に
遠近法ワープとパペットワープがある

建物写真の歪み補正や、遠近感の変形操作にクアッドと呼ばれる「ワープ枠」を使って画像を変形するのが**遠近法ワープ**です。メッシュの中に「ピン」を追加して、人や物を自在に変形できるのが**パペットワープ**。メッシュのポイント数を増やせば、風景写真の電柱だけを曲げることもできます。Illustratorに存在している**パペットワープツール**も同様の操作をすればベクターデータでもアートワークを自在に変形することができます。

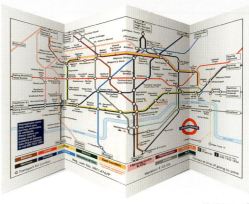

遠近法ワープ

ILLUSTRATOR CC / CS6
Illustratorのワープは
「効果」と「エンベロープ」の2タイプが存在する

Illustratorのワープは2系統あり、効果メニューから選択する**ワープ**と、オブジェクトメニューから選択する**ワープで作成**（エンベロープ）があります。プリセットの内容は一緒なので基本的には同じワープとして考えても大丈夫です。どちらも同じ変形が行えるので、作業の流れに合わせて選択しましょう。

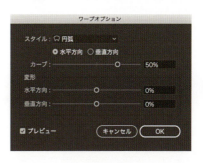

ILLUSTRATOR CC / CS6
効果メニューのワープは
プリセット色が強い簡単操作が特徴

効果メニューの**ワープ**は**アピアランス系**。ドロップシャドウ等と同様にパネルで操作するフィルタです。プリセットの枠からは発展することはできませんが、アピアランスパネルからの**復帰**、文字の**アウトライン**、アピアランスを**分割**など、直感的で操作しやすいのが効果メニューのワープです。

効果→ワープ
オブジェクト→アピアランスを分割

ILLUSTRATOR CC / CS6
オブジェクトメニューのワープは
カスタム色が強い拡張タイプ

オブジェクトメニューの**ワープで作成**は、**エンベロープ系**。操作は効果と同じワープオプションパネルで行いますが、変形後はコントロールバーから操作することができます。またプリセットの**メッシュ**を増やしたり、**形状の変更**も可能です。文字のアウトラインはエンベロープを**拡張**して行います。

オブジェクト→エンベロープ▶ワープで作成
オブジェクト→エンベロープ▶拡張

PHOTOSHOP CC / CS6

魚眼レンズを模した
膨らみ変形のまとめ考察

超広角の膨らみ変形といえば魚眼レンズ。犬の鼻アップなどゆがんで映る不思議な世界をPhotoshopで再現してみましょう。ここでは3系統の変形コマンドを使って、その効果を検証します。

55
TRANSFORMATION

DOWNLOAD FOLDER No.55

ORIGINAL 55.jpg

PHOTOSHOP CC / CS6

膨らみ系の変形は大きく分けると3パターンある

まずは基本変形の**ワープ**、プリセットに**魚眼**が組み込まれています。次はエフェクト系の**つまむ**と**球面**の2タイプ。そして3つめは補正フィルターの**レンズ補正**と**広角補正**です。魚眼レンズの歪みを自然に再現する場合は、**レンズ補正**の**歪曲収差**と、簡単に再現できる**ワープ**。鼻アップなどのエフェクト的な要素が欲しい場合は**つまむ**がおすすめです。

ワープ　魚眼レンズ　カーブ：100%

編集メニューのワープ変形

コントロールポイントやバウンディングボックスをドラッグして画像を自由に変形できるのがワープの特徴。コントロールパネルには15種類のプリセットシェイプが登録されています。今回はプリセットから**魚眼レンズ**❶を選択しました。

作例はカーブ❷を最大値の100%で適用、これ以上膨らませることはできませんが、被写体と背景の位置関係が良かったので最大値まで膨らませて魚眼の歪みを再現しています。

編集→変形▶ワープ

※変形コマンドは、背景をレイヤーに変換してから実行します。

つまむ　量：-100％

変形フィルターの「つまむ」効果

ここからは鼻を中心に正方形にトリミングした画像でテスト。**つまむ**の変形範囲は限定的なので四隅には影響しません。作例は最小値の-100％で適用。

`フィルター→変形▶つまむ`

※正方形にトリミングした画像は55_SQUARE.jpgを使用しています。

球面　量：100％　モード：標準　（効果を2回適用）

変形フィルターの「球面」効果

球面フィルターも**つまむ**と同様に変形範囲は円の内側、四隅は影響しません。作例は最大値100％（標準モード）を繰り返し適用して変形しています。

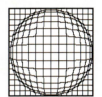

`フィルター→変形▶球面`

レンズ補正
ゆがみを補正：-80　拡大・縮小：80％

補正フィルターのレンズ補正

補正フィルターは画面全体に効果が影響します。作例は**つまむ**の変形結果に合わせて、歪曲収差のゆがみ補正を強めに設定しています（右は最小値の-100）。

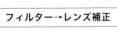

`フィルター→レンズ補正`

広角補正（遠近法）
拡大・縮小：80％　レンズ焦点距離：36㎜　切り抜き係数：0.10

補正フィルターの広角補正

広角補正の作例も**つまむ**に合わせて、切り抜き係数とレンズ焦点距離を最低値に設定。右は同じ設定を繰り返し適用して球面状に変形しています。

`フィルター→広角補正`

※写真や状況によってレンズ焦点距離の最小値は変動します。

PHOTOSHOP CC

「遠近法ワープ」を使って石畳を拡張する

56
TRANSFORMATION

DOWNLOAD FOLDER No.56

遠近法ワープは主に、建物の遠近や構図の調整に適した変形フィルターですが、遠近感を効かせた風景作りにも有効です。球面フィルターを併用して、その効果を検証してみましょう。

PHOTOSHOP CC
遠近法ワープはグラフィックプロセッサーを有効化しないと動作しません

Photoshopの環境設定から**グラフィックプロセッサーを使用❶**を設定すれば遠近法ワープは有効化されます。遠近法ワープは**スマートオブジェクト❷**に対応しているので、作業後の修正が可能です。変形を繰り返すことで発生する**画質の劣化**を防ぐ効果もあるので、素材画像56.jpgをスマートオブジェクトに変換してから作業を開始してみましょう。

❶	Photoshop CC→環境設定▶パフォーマンス

Windowsは編集→環境設定▶パフォーマンス

❷	フィルター→スマートフィルター用に変換

※スマートフィルターとスマートオブジェクトの関係（P.156参照）。

ORIGINAL 56.jpg

PHOTOSHOP CC / CS6
① 球面フィルターを使って写真を縦伸びに変形する

球面フィルター❶を使って写真の水平方向を圧縮します。球面フィルターで縦横に写真を圧縮するだけでも、風景の遠近感を引き出すことができますが、作例では縦方向の圧縮を遠近法ワープで行います。

❶	フィルター→変形▶球面

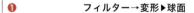

FINISH f56.psd

❷ 量：-50%
❸ モード：水平方向のみ

② 遠近法ワープの前に
　　ガイド線を引いておこう

遠近法ワープのワープ枠は**ガイド線に吸着**❶します。作業が楽になるので右図を参考に画面上にガイド線を入れておきましょう。

ガイド線は**定規**❷をクリックしたまま画面の上で離すと作成されます。位置を変えたい場合は**移動ツール**を使ってガイド線を移動します。

※上段のガイド線★はエラー対策用に画面より上に作成します。

❶	表示→スナップ
❷	表示→定規

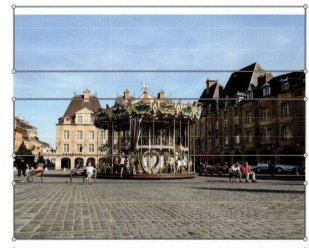

③ 最初はレイアウトモードで
　　ワープ枠を作成する

編集→遠近法ワープを選択して、遠近法ワープを起動します。最初の画面は**クアッド**と呼ばれるワープ枠の位置を決める**レイアウトモード**❶です。画像の変形操作は**ワープモード**❷に切り替えて行います（次ページ）。また、ワープ枠は**リセット**❸することで、最初からやり直すことができます。

作例はワープ枠を**3**面作成します。ワープ枠同士を近づけると吸着して合体してしまうので、最初は離れた状態でワープ枠を**3**つ作成します。その後、横線を近づけてワープ枠を合体させましょう。

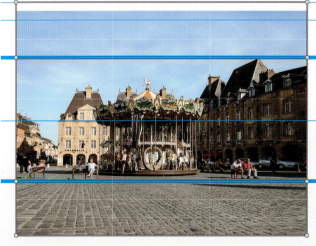

④ ワープ枠を合体してから
　　横線をガイドに合わせる

左図の位置関係を参考に、ワープ枠の横線をドラッグしてガイド線に合わせます。
※**shift**キーを押しながらドラッグすると垂直方向に固定したままドラッグできます。

ワープモードに切り替わると**8**つの丸いハンドルは、**クアッドピン**になり、ワープ枠の線はドラッグできません。※次ページはワープモードから始まります。

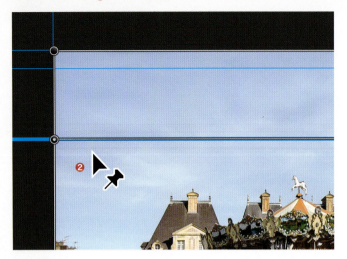

⑤ ワープモードに切り替えてから
クアッドピンを操作して
画像を変形させます

オプションバーの**ワープ**❶を押してワープモードに切り替えます。ワープモードでは、レイアウトモードの時に表示していた枠内の細い線が消えて、ワープ枠の縁にある丸いハンドルが**クアッドピン**に変化します。
※**クアッドピン**に連動して画像が変形します。

ワープ枠の上から**2**番目の横線にカーソルを近づけましょう❷。

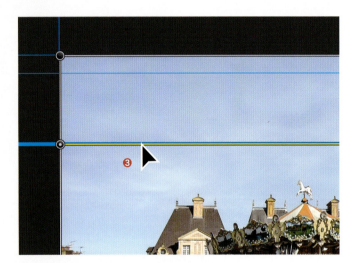

shiftキーを押すと、クアッドピンに反応してカーソル近くの水平線が黄色くなります。**shiftキー**を押しながら、水平線をクリック❸しましょう。

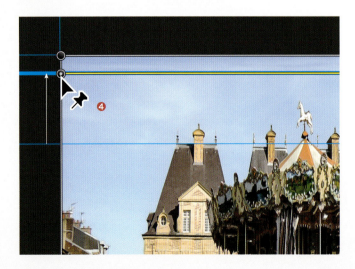

クアッドピンを上方向にドラッグ❹して、左図の位置にあるガイド線まで移動します。
※縦方向に写真が変形します。

Memo

プログラムエラーでワープモードに入れない場合は、ガイドを画像エリアから外側に作成して、写真からはみ出すようにワープ枠を作成してください。

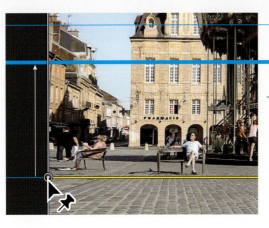
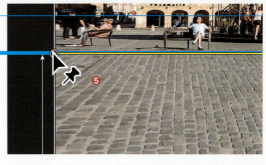

同様に、ワープ枠の上から**3**番目の横線にクアッドピンを近づけて、線を黄色に変えた後クリック。そのまま**クアッドピン**を上方向にドラッグ❺してガイド線まで移動すれば完成です。

Variation...

PHOTOSHOP CC / CS6

球面フィルターの縦／横圧縮で遠近感を強調する

右は球面フィルターで水平方向を**-50%**で圧縮した後、続けて垂直方向を**-50%**で圧縮した結果です。
※モード：水平／垂直方向のみ
こちらもバランスよく変形しました。量を調節して遠近感を少し加えたい程度であれば、この方法も有効です。

PHOTOSHOP CC / CS6　**ILLUSTRATOR CC** / CS6

バニシングポイントの
変形・合成テクニック

バニシングポイントは、ハメコミ合成に特化した変形ツールです。背景のパースに合わせて自在に画像を変形できる便利なツールですが、「面」を使った操作には少しコツが必要です。ここでは作例形式を使って、バニシングポイントの使い方を解説します。

57
TRANSFORMATION
DOWNLOAD FOLDER No.57

ILLUSTRATOR CC / CS6
貼り付ける素材をイラストレーターで作る

Vanishing Pointはクリップボードにコピーした素材をワークスペースに**ペースト**する方法で文字や画像を変形します。操作に慣れるまでペーストする素材のサイズは大きすぎないようにしましょう。

まずは前準備としてイラストレーターでロゴ（素材）を作ります。左右幅を参考にロゴを作成したら、**選択ツール**でロゴを選択後、**編集**→**コピー**を実行してロゴを**コピー**します。

※次は **Photoshop** で作業を開始します。
※ **Vanishing Point** はショートカットキー **command（Ctrl）+ V** を使用して素材をワークスペースにペーストします。

約62mm

ORIGINAL 57b.ai

VANISHING
POINT
Helvetica Neue Black
16Q / 32Q

多角形ツール
半径：5mm
辺の数：3

ORIGINAL 57a.jpg

① 素材を背景画像に落としてコピーする

PHOTOSHOP CC ／ CS6

背景画像（**57a.jpg**）を開いた後、**編集→ペースト**を実行して左ページでコピーしたロゴを**ピクセル形式**❶でペースト後、そのまま確定します。次に**色相・彩度**❷を使ってロゴを白に変更後、**長方形選択ツール**❸でロゴの周囲を選択、**編集→コピー**を実行して再びロゴをコピーします。

※ここでは色相・彩度❷を使用してロゴを白くしています。

❷　イメージ→色調補正▶色相・彩度

❶ ピクセル

色相・彩度
❷ 明度：＋100

長方形
選択ツール

ピクセルでペースト後、そのまま return（Enter）キーで確定

色相・彩度でロゴを白くする

ロゴの周りを選択して**コピー**する

② バニシングポイントの変形操作は新規レイヤーで行う

PHOTOSHOP CC ／ CS6

選択範囲を解除後、**新規レイヤー**❶を作成します。続いて最初にペーストしたレイヤー（レイヤー1）を**非表示**にします。

※次ページではロゴをコピーした状態でVanishing Pointを起動します。新規レイヤーを**選択状態**❷にしておかないと、背景に直接ペーストしてしまうので注意しましょう。

❶　レイヤー→新規▶レイヤー

選択範囲を解除 → 新規レイヤーを作成

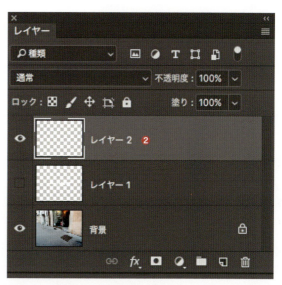

※最初にペーストしたレイヤーは非表示にしておきます。

PHOTOSHOP CC / CS6

③ コピーしたロゴを
貼り付ける「面」を作成する

フィルターメニューから Vanishing Point
❶を選択してワークスペースを開きます。
続いて写真のパースに合わせてロゴを貼り
付けるグリッド（面）を作成します。

右図の形状を参考に**面作成ツール**❷を使っ
てグリッド（面）の四隅、4箇所をクリックし
て面を作成します。

| ❶ | フィルター→Vanishing Point |

❷
面作成ツール

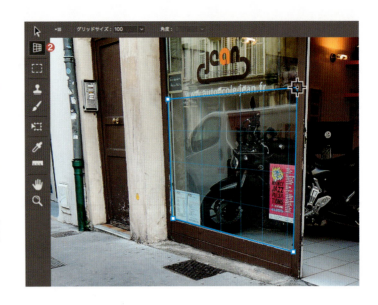

PHOTOSHOP CC / CS6

④ ロゴを Vanishing Point の
ワークスペース内にペーストする

command（Ctrl）＋Vを実行して**Vanishing
Point**のワークスペース内にロゴをペースト
します。

※ペーストしたロゴはワークスペース画面の
左上に配置されます。

PHOTOSHOP CC / CS6

⑤ ロゴをつかんで
グリッド面の中にドロップする

選択ツール❶で左上にペーストしたロゴを
グリッド面の中にドラッグします。

グリッド形状に合わせてロゴが変形します。
このままでは大きすぎるので、次ページで
サイズを小さくしましょう。

❶

選択ツール

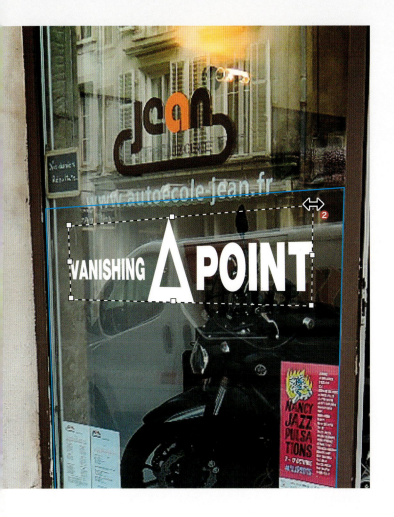

PHOTOSHOP CC / CS6

⑥ 変形ツールで
　ロゴの大きさを整える

変形ツール❶を使ってロゴの大きさと位置を調整します。**shiftキー**を押しながらバウンディングボックスの**ハンドル❷**をドラッグして、縦横の比率を固定❸したまま画像サイズを調整しましょう。ロゴの配置が完了したら、ワークスペース右上の**OK**を押してVanishing Pointを終了します。

❸	shift + ドラッグ

❶ 変形ツール

PHOTOSHOP CC / CS6

⑦ 文字素材をソフトライトで
　合成すれば完成

変形したロゴの描画モードを**ソフトライト**❶に変更して完成です。
作例はレイヤーを複製後、不透明度を**20%**に設定してロゴを強調しています。

ソフトライト　不透明度100%（レイヤー2）

ソフトライト　不透明度20%を追加（レイヤー2のコピー）

ILLUSTRATOR CC / CS6

パスの形状に合わせて文字を変形させる

ベースになるオブジェクトの形状に合わせて、文字を変形させるエンベロープの2つのコマンド。一発変形とメッシュで変形する文字の変形方法について簡単に紹介します。

58
TRANSFORMATION

DOWNLOAD FOLDER No.58

ILLUSTRATOR CC / CS6

「最前面のオブジェクトで作成」は一発変形

エンベロープの「**最前面のオブジェクトで作成**」はその名の通り、2つのオブジェクトを選択後、前面オブジェクトの形状に合わせて背面のオブジェクトを変形させるコマンドです。
一発変形タイプのコマンドなので、形状によってはイメージと違う方向に文字が変形する場合もあります。そんな時は、エンベロープの**メッシュ**(右ページ)を使って変形しましょう。

`オブジェクト→エンベロープ▶最前面のオブジェクトで作成`
option(Alt) + command(Ctrl) + C

50㎜ × 15㎜

↓

ワープ(効果) でこぼこ カーブ:-12%

↓

分割 → コピー

↓

❶ 長方形ツールで適当な大きさの長方形を作成後、**効果→ワープ▶でこぼこ**を使って、長方形を変形します。

❷ **オブジェクト→アピアランスを分割**を実行して を分割後、**編集→コピー**を実行します。

❸ 文字ツールでテキスト(58a.ai)を作成後、**オブジェクト→重ね順▶背面へ**を実行します。そのまま とテキストを選択後、**オブジェクト→エンベロープ▶最前面のオブジェクトで作成**を実行します。

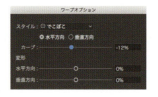

ORIGINAL 58a.ai

TRANSFORMATION
Grotesque MT Std Extra Condensed 41Q

↓

TRANSFORMATION

最前面のオブジェクトで作成

↓

拡張 →背面にペースト

↓

❹ **オブジェクト→エンベロープ▶拡張**を実行後、文字の塗りを白に変更します。続いて**編集→背面へペースト**を実行して の塗りを変更します。
※作例はカラーコード:#b63625

❺ **オブジェクト→パス▶パスのオフセット**を使って を外側にオフセットさせれば完成です。

パスのオフセット:1.2㎜

TRANSFORMATION

ILLUSTRATOR CC／CS6

エンベロープのメッシュを使った文字の変形方法

右はイメージ通りに変形できなかった失敗例。「**最前面のオブジェクトで作成**」で変形すると、文字が崩れてしまいました。そこで、今度はエンベロープの「**メッシュで作成**」を使って変形してみましょう。

> オブジェクト→エンベロープ▶メッシュで作成
>
> option（Alt）＋ command（Ctrl）＋ M

❶ 長方形ツールと楕円形ツールの順番に（楕円形が前面）**2**つの図形を作成後、右図の位置関係を参考に図形を揃えます。続いて**2**つの図形を選択後、パスファインダーの**前面オブジェクトで型抜き**を実行して形状を ▬ に変えます。
※この図形もコピーしておきましょう。

❷ ▬ が選択状態のまま、**表示→ガイド▶ガイドを作成**を実行して をガイドに変換します。

❸ 文字ツールでテキスト（58b.ai）を作成後、右図を参考にテキストを縦方向に拡大／変形します。作成した文字はガイドに合わせて配置します。

TRANSFORMATION
ORIGINAL 58b.ai

❹ **オブジェクト→エンベロープ▶メッシュで作成**を適用して**2**つのメッシュを作成します。

行数：1
列数：2

❺ ダイレクト選択ツール ▷ を使って、下辺中央のアンカーポイントを上へドラッグした後、下辺両端の丸いハンドルを上へドラッグします。
※ガイドの形状に合わせるようにメッシュを変形します。

❻ 左ページ同様に**オブジェクト→エンベロープ▶拡張**を実行後、文字の塗りを変更します。　※作例はカラーコード：**#74908e**
▬ を前面へペースト後、**オブジェクト→パス▶パスのオフセット**を使って線を文字の外側にオフセットさせれば完成です。

※作例はパスを**1.2**mmオフセット後、そのまま**0.7**mmオフセット、外側のパスの線幅を**0.7**mmに設定（内側は**0.13**mm）しています。

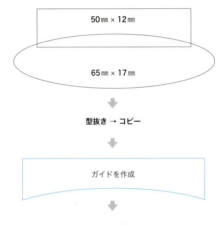

43Q　垂直方向に138%拡大

拡張→背面にペースト

ILLUSTRATOR CC／CS6

直感で変形操作する
3D回転とパスの自由変形

59
TRANSFORMATION
DOWNLOAD FOLDER No.59

Illustratorにはジグザグやラフなどオブジェクトを簡単に変形するコマンドが「効果」の中に収められています。ここでは、その中から便利な2つのコマンドを紹介します。また、「効果」について簡単に復習してみましょう。

ILLUSTRATOR CC／CS6
効果メニューの 3D回転は回転体ではないので注意

3D回転はオブジェクトを3次元的に回転して変形する効果です。**押し出し・ベベル**や**回転体**など、回転体を作成したり、オブジェクトを押し出して立体化する効果ではないので注意しましょう。

3D回転　X軸：50°　遠近感：120°

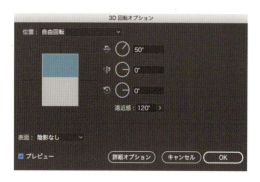

ORIGINAL 59a.ai

3D回転のメリットは平面体を自由に変形できることです。立方体の面を見ながら変形できるので、遠近感を意識したオブジェクトの変形操作が簡単に行えます。

効果→3D▶回転

ILLUSTRATOR CC／CS6
効果メニューのコマンドはアピアランスパネルで管理されている

アピアランスパネルの**効果名**をクリックすると、設定した内容のままダイアログが開くので、そこから修正を行うことができます。また、アピアランスパネルを使って別のオブジェクトに効果の内容をコピーすることもできます。

※アピアランスパネルの上部にあるサムネール❶を option（Alt）キーを押しながら
　別のオブジェクトに向かってドラッグすると効果の内容をコピーできます。

ドロップシャドウを
コピー

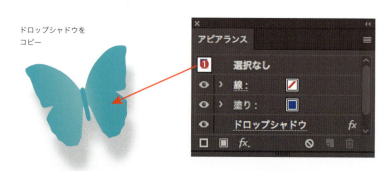

ILLUSTRATOR CC / CS6
パスの自由変形はフリーダムな変形コマンド

パスの自由変形は**Photoshop**の変形サブメニューにある**自由な形に**に、該当する変形コマンドです。ワープにドロップシャドウが適用されたオブジェクトでも変形できてしまう強力なコマンドです。

効果→パスの変形▶パスの自由変形

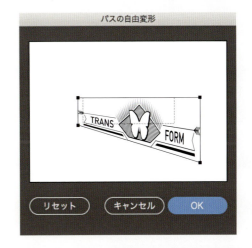

ORIGINAL 59b.ai

ILLUSTRATOR CC / CS6
効果は重ねて適用することもできる

色々な種類の効果をオブジェクトに適用することも可能ですが、同じ効果を**重複**して**適用**することもできます。

※オブジェクトにエフェクト系の効果を多用しすぎると、パソコンの動作が一時的に不安定になる場合があるので注意しましょう。

ILLUSTRATOR CC / CS6
効果を適用したオブジェクトの拡大・縮小に注意
（Photoshop 効果は拡大・縮小できません）

オブジェクトの大きさを変更する時に、注意しておきたいのが効果の**拡大・縮小**です。拡大・縮小パネルのオプションの**線幅と効果を拡大・縮小**❶を確認しましょう。

※Photoshop効果は効果の拡大・縮小に対応しないので注意が必要です。

Illustrator 効果　　　　　Photoshop 効果
ぼかし（スタイライズ）　　ぼかし（ガウス）

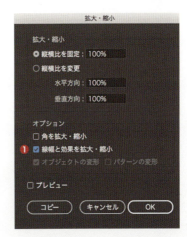

THE 5TH SECTION　作例 START ▶

60
TRANSFORMATION
DOWNLOAD FOLDER No.60

ここからは、変形をテーマにした作例ページが始まります。最初はリファレンスで解説した遠近法ワープ。編集メニューの変形コマンドを使っても、同じように変形ができるので、CS6をお使いの方は試してください。

Memo...
Photoshopのグラフィックプロセッサーが環境設定で「有効」になっていないと、遠近法ワープは動作しないので注意しましょう。

PHOTOSHOP CC
遠近法ワープでつくる断崖エフェクト

ORIGINAL 60a.jpg

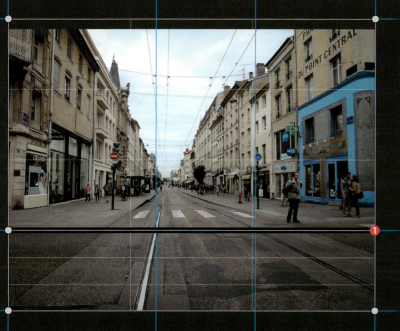

1 レイアウトモードで ワープ枠を作成する

遠近法ワープの枠はガイド線に吸着するので、最初にガイド線を入れておきましょう。表示メニューの**定規**と**スナップ**にチェックを入れてから、左図を参考にガイド線を**7**つ作成します。
続いて**編集→遠近法ワープ**を実行します。レイアウトモードでワープ枠を**2**面作成後、水平ガイド❶の位置で「枠」を合体させます。

※P.193参照。

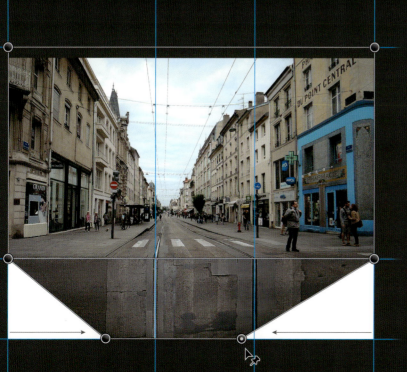

2 ワープモードで 画像を変形する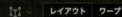

オプションバーの**ワープ**を押してモードをワープに切り替えます。左図を参考に、一番下の**クアッドピン**（**2**つ）を水平にドラッグして下段のワープ枠を変形させた後、**return**（**Enter**）キーを押して変形を確定します。

Memo

プログラムエラーでワープモードに入れない場合は、ガイドを画像エリアから外側に作成して、写真からはみ出すようにワープ枠を作成してください。

3 「コンテンツに応じる」を使って透明領域を塗りつぶす

表示→ガイドを消去を実行します。続いて、**自動選択ツール**を使って2箇所の透明領域を選択後、**編集→塗りつぶし**を使って透明領域を塗りつぶします。

※塗りつぶし内容：コンテンツに応じる

Memo

透明領域を塗りつぶした時に、予想とは違う内容で塗りつぶされてしまった場合、塗りつぶしを繰り返すと予想に近い結果に変化する場合があります。

塗りつぶし　内容：コンテンツに応じる
　　　　　　※透明部分の保持はチェックしない。

4 塗りつぶした領域をスタンプツールで修復する

選択範囲→選択を解除を実行します。そのまま、**コピースタンプツール**や**スポット修復ブラシツール**を使って「コンテンツに応じる」で塗りつぶした領域を修復します。

5 覆い焼きカラーで薄暗い写真を明るく合成する

作例写真は少し薄暗い調子なので、明るい部分を強調し、白／黒のコントラストを浮かび上がらせる**覆い焼きカラー**を使って写真を明るく合成します。

command（Ctrl）＋ J キーを押して「レイヤー 0」を複製します。そのまま、レイヤーパネルの描画モードを**覆い焼きカラー**、不透明度を **50**％程度に設定して写真を明るく鮮やかに補正します。

6 新規レイヤーに選択範囲を作成する

新規レイヤーを最前面に作成して選択範囲の中を塗りつぶす方法で、断崖部分を黒く塗りつぶします。まずは、長方形の選択範囲を作成して、塗りつぶしの準備をしましょう。

レイヤーパネルの❶を押して、レイヤーの最前面に**新規レイヤーを作成**します。続いて、上図を参考に**長方形選択ツール**で断崖部分（写真の下段エリア）を選択します。

7 選択範囲を黒く塗りつぶして、断崖部分をオーバーレイで合成する

編集→**塗りつぶし**を実行して、手順6で作成した選択範囲の中を**ブラック**で塗りつぶします。続いて、**選択範囲**→**選択を解除**を実行後、レイヤーパネルの描画モードを**オーバーレイ**に、不透明度を**35**％に設定して断崖部分を暗く強調します。

8 最後はレンズフィルターで写真を青く染め上げれば完成

❶

レイヤーパネルの❶を押して、**レンズフィルター**を選択します。そのまま**属性**パネルのフィルターカラーを**ネイビーブルー**、適用量を**87**％に設定して完成です。

THE 5TH SECTION　TRANSFORMATION 60

Variation...
遠近法ワープの「縦」変形で、リーフレットの折り加工をつくる

遠近法ワープで作る長方形のクアッド（ワープの枠）を4面縦に並べて、W折りのリーフレットを立ててみました。作例はPCの環境によって何度かプログラムエラーが出ましたが、ワープ枠のサイズ変更や位置を移動することでエラーを回避しています。

折り目を強調するために、グラデーションとレイヤーマスクを使って4面に陰影を加えています。リーフレットは切り抜いた状態でレイヤー化しているので、クリッピングマスク（P.073参照）を使って、リーフレットの形状の中に4つのグラデーションを収めています。

ORIGINAL　60b.jpg

61

TRANSFORMATION

DOWNLOAD FOLDER No.61

PHOTOSHOP CC / CS6　ILLUSTRATOR CC / CS6

ワープ変形で円柱にロゴを巻きつける

Illustratorで作成したロゴをワープを使って円柱状の筒に巻きつけてみましょう。ここではワープスタイルのプリセットは使わずに、バウンディングボックスを直接操作して変形します。

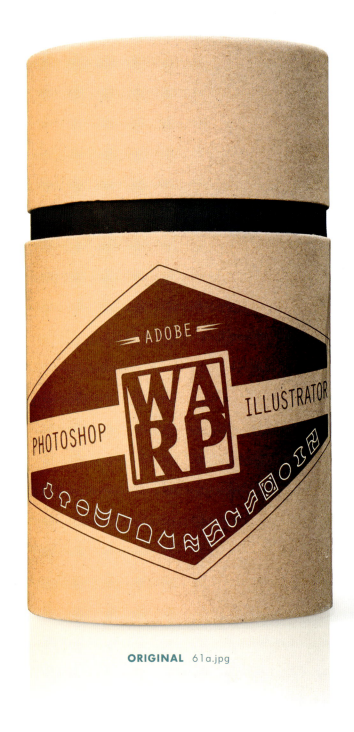

ORIGINAL　61a.jpg

ILLUSTRATOR CC / CS6

1 Illustratorで作成したロゴを回転してからコピーする

Illustratorでロゴ素材（61b.ai）を開きます。続いてcommand（Ctrl）+ Aキーを押して**すべてを選択**後、**オブジェクト→変形▶回転**を使って、ロゴを**8°回転**します。そのまま**編集→コピー**を実行します。

※コピーした内容は手順2で写真にペーストします。

ORIGINAL 61b.ai

回転　角度：8°

8°回転後、コピーする

2 ピクセル形式でペースト後縦横を変形、確定する

Photoshopで**61a.jpg**を開いた後、**編集→ペースト**を**ピクセル**形式で実行します。そのままオプションバーを使って幅**72%**、高さ**102%**に変形後、右図の位置を参考に移動します。移動完了後、**return（Enter）**キーを押して変形を確定しましょう。

W：72%　H：102%

ペースト形式
ピクセル

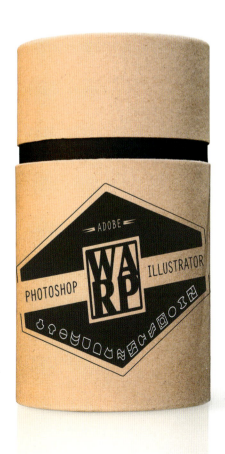

3 ワープメッシュをドラッグして ロゴの中心を横に拡大する

編集→変形▶ワープを選択してワープメッシュを表示させます。オプションバーのワープスタイルが**カスタム**になっているのを確認後、中央のメッシュを広げるように左右にドラッグしてロゴの中心部分を横に拡張します。

※中央のメッシュの間隔を広げるようになるべく水平方向にドラッグしましょう。

4 コントロールポイントのハンドルを 動かしてメッシュの曲線を調整する

コントロールポイントの丸い**ハンドル**を動かしてメッシュの曲線を調整します。上下端のハンドルを操作してメッシュの上下を筒の湾曲に合わせて縦方向に膨らませた後、左右端のハンドルを操作してロゴの端が筒の外側に揃うように変形します。

※変形が完了したらreturn（Enter）キーを押して変形を確定します。

5 オーバーレイを使って 背景に合成

ワープで変形したロゴ（レイヤー1）の描画モードを**オーバーレイ**に設定後、command（Ctrl）+ J キーを押してロゴ（レイヤー1）を複製します。

6 焼き込み（リニア）で合成して完成

複製したレイヤーの描画モードを**焼き込み（リニア）**、塗りを**48**％に設定すれば完成です。

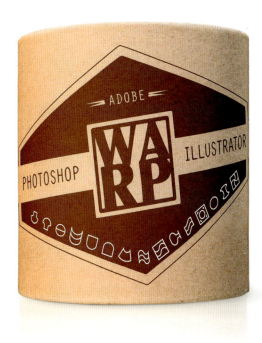

ORIGINAL　61c.jpg

ORIGINAL　61d.ai

Variation...

ワープのプリセット（アーチ）を使ってミニチュアの水差しにラベルを貼る

作例はオプションバーのワープスタイルをアーチ、カーブを–15°に設定しただけでラベルがぴたりと収まりました。ラベルを水差しに馴染ませるために、前面に背景のコピーを配置して焼き込みリニア塗り10％に設定、写真全体に合成しています。

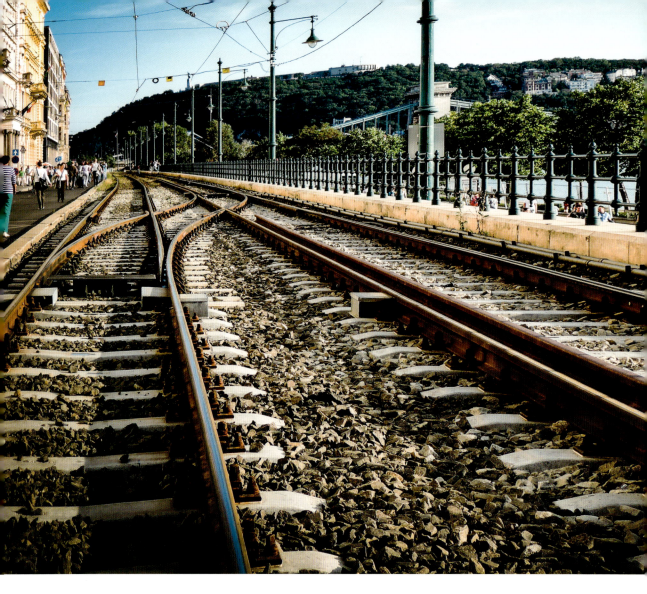

62

TRANSFORMATION

DOWNLOAD FOLDER No.62

PHOTOSHOP CC
遠近法→ワープの連続変形

変形コマンドの「遠近法」と「ワープ(カスタム)」の連続変形で風景の遠近感を強調するテクニックです。変形した写真は横長サイズにトリミング後、Camera Rawのプリセットで濃厚な色合いに仕上げてみましょう。

1 背景をレイヤーに変換する

素材写真(62.jpg)を開き、**レイヤー→新規▶背景からレイヤーへ**を実行します。

※変形コマンドを動作させるため、背景をレイヤーに変更します。

ORIGINAL 62.jpg

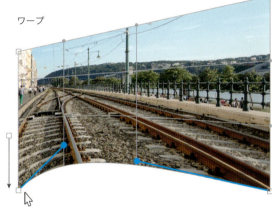

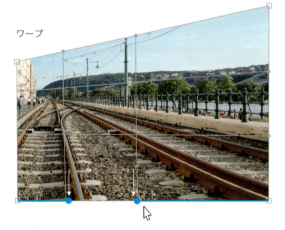

2 遠近法とワープで変形操作を行う

編集→変形▶遠近法を選択後、画面に表示されるバウンディングボックス左上のコーナーハンドルを下側に移動します。※作例は**−12°**の位置❶までドラッグしています。

変形を確定しないで、続けて**編集→変形▶ワープ**を選択します。今度は左下のコーナーハンドルを画面の左下角まで下にドラッグ後、丸いハンドルを操作して底辺が水平になる位置まで変形後、**return（Enter）**キーを押して変形を確定します。

3 最後はCamera Rawのプリセット

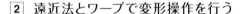

切り抜きツールで写真の上部をトリミング後、**レイヤー→画像を統合**を実行します。最後に**フィルター→Camera Rawフィルター**を起動して、画像調整タブの**プリセット**からカラー（**高コントラストとディテール**）、カーブ（**強いS字カーブ**）、周辺光量補正（**強**）を設定すれば完成です。

63

TRANSFORMATION

DOWNLOAD FOLDER No.63

PHOTOSHOP CC　ILLUSTRATOR CC／CS6

バニシングポイントと
パスぼかしの相乗効果

バニシングポイントを使った緊迫感のある文字エフェクトです。ここではパスぼかしと、ぼかし（移動）の2種類の効果を使って背景と文字をぼかします。背景に合わせて変形した文字を流れるようにぼかして、スピード感のある写真に仕上げてみましょう。

※バニシングポイントの使い方はP.196を参考にしてください。

ORIGINAL 63a.jpg

THE 5TH SECTION | TRANSFORMATION 63

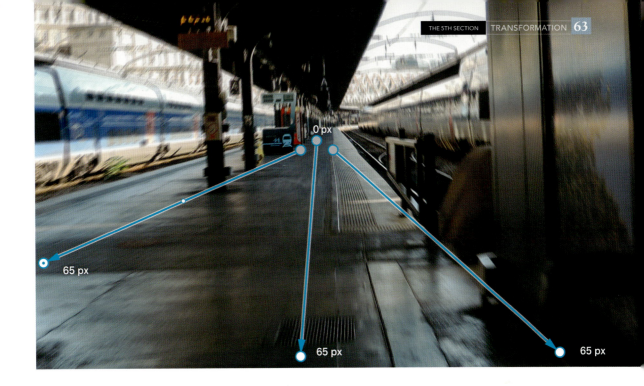

1 終了点の速度を操作して加速感を出す （パスぼかし）

素材画像（63.jpg）を開いた後、**フィルター→ぼかしギャラリー▶パスぼかし**を選択してワークスペースを開きます。ぼかしの種類が**基本ぼかし**に設定されているのを確認後、速度を50%、テイパーを0%に設定します。続いて上図の位置を参考に、中央のパスをドラッグして配置、左右にパスを追加した後、パスの**終了点の速度**を設定します（P.130参照）。

※オプションバーの**プレビュー**をオフにしてから作業しましょう。
※パスを追加する時のポイントは、**終点でダブルクリック**です。
　パスの設置が完了したら、パスの**終了点の速度** ❶ を設定します。
　始点（奥の3つ）は0px、終点（矢印の先）の3つは65pxです。
　プレビューを押して確認後、return（Enter）キーを押して確定しましょう。

ILLUSTRATOR CC / CS6 → PHOTOSHOP CC

2 ペーストした文字を縦にぼかす ぼかし（移動）

Illustratorで文字素材を作成後、コピーします。そのまま作業中の写真（63a.jpg）に**ピクセル**形式でペーストします。
※100%のままペースト後、確定します。

続いて**フィルター→ぼかし▶ぼかし（移動）**を使ってペーストした文字を垂直方向にぼかします。

VANISHING POINT

Franklin Gothic Std
Extra Condensed
18Q ／ 33Q

ぼかし（移動）
角度：90°
距離：15 pixel

ORIGINAL 63b.ai

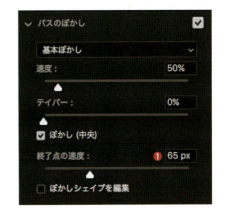

3 Vanishing Pointで面を作成する（レイヤー1）

選択範囲→すべてを選択、編集→カットの順に実行して、手順2でぼかした文字をクリップボードにコピーします。次に、透明状態になったレイヤー1が表示状態のまま、**フィルター→Vanishing Point**を選択してワークスペースを開きます。上図を参考にワークスペース画面を縮小表示した後、**面作成ツール**で❶〜❹の順にクリックして「面」を作成します。

※作成した面を修正する場合は**面修正ツール**を使います。

4 作成した面に合わせて文字を変形する

command（Ctrl）＋Vを実行してVanishing Pointのワークスペース内にロゴをペーストします。次に**選択ツール**を使ってペーストしたロゴを「面」の中央へドラッグ後、**変形ツール**で文字の大きさを調整、return（Enter）キーを押して変形を確定します。

※ペーストしたロゴはワークスペース画面の左上に配置されます。

5 選択範囲を使って背景から文字を抜き出す

command（Ctrl）**キー**を押しながらレイヤー1のレイヤーサムネール❶をクリックして選択範囲を作成後、レイヤー1を**非表示**に変更します。続いて**背景**を選択後、そのまま**編集→コピー、編集→ペースト**の順に実行します。

※背景の上にペーストして、レイヤー2を作成します。

6 抜き出した文字を明るく目立たせて完成

レイヤー2の描画モードを**覆い焼きカラー**に変更後、**イメージ→色調補正▶明るさ・コントラスト**を使って抜き出した文字を明るく調整すれば完成です。

明るさ・コントラスト
明るさ：150
コントラスト：0

ORIGINAL 63c.jpg

Variation...
バニシングポイントと
チルトシフトぼかしを使って
ミニチュアワゴンにラベルを貼る

Illustratorで作成したフェイクロゴをワゴンの側面に貼ってみました。チルトシフトぼかしでロゴの左右端をぼかした後、ワゴンの側面に映り込むタイヤのシルエットを最前面に配置、乗算を使ってロゴを馴染ませています。

ORIGINAL 63d.ai

64

TRANSFORMATION

DOWNLOAD FOLDER No.64

PHOTOSHOP CC / CS6

カメラのオブジェを ガラス瓶に入れる

P.150〜156で作成したカメラのオブジェにガラス瓶を組み合わせた合成写真です。ここでは180°回転したガラス瓶に消しゴムツールを使ってガラス瓶を綺麗に密閉するのが課題です。ペンツールで切り出したガラス瓶を合成して蓋を融合させてみましょう。

ORIGINAL 64.jpg

f4604.psd

1 切り抜きツールでガラス瓶が垂直になるように切り抜く

素材画像（**64.jpg**）を開いた後、**切り抜きツール**を選択します。続いてオプションバーの**角度補正**と、**切り抜いたピクセルを削除**をチェック後、上図を参考にガラス瓶の縦のエッジに沿って切り抜きツールをドラッグします。ガラス瓶が垂直にトリミングされたのを確認後、return（Enter）キーを押して写真を切り抜きます。

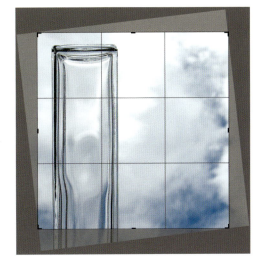

2 ペンツールを使ってガラス瓶をパスで囲む

ペンツールを使ってガラス瓶の周囲をパスで囲みます。この後作成したパスは、**パスサムネール**から選択範囲を作成してガラス瓶の切り抜きに使います。今回は周囲を囲む作成簡単なパスですが、パスを使用するときはオプションバーから**中マド**❶に設定してから作業するように決めておくことをおすすめします。

❶ シェイプが重なる領域を中マド

3 パスから選択範囲を作成してガラス瓶の形状に切り出す

command（Ctrl）**キー**を押しながらパスパネルの**パスサムネール**をクリックして選択範囲を作成します。続いてcommand（Ctrl）＋Jを2回実行してガラス瓶を2つ複製後、最前面のレイヤー（レイヤー1のコピー）に対して**編集→変形▶180°回転**を実行します。

4　カメラのオブジェを編集中の写真に移動する

P.150〜156で作成したカメラのオブジェ（**f4604.psd**）を開いた後、レイヤーパネルのサムネールを編集中の画面上に直接ドラッグして画像ごと移動します（**移動ツール**でドラッグします）。

Memo...
画面をドラッグしても写真を移動できます（移動ツールを使用）。タブになっている場合はタブをドラッグして画面を切り離し、2画面にしてから画面上を移動してください。

5　カメラのオブジェを縮小してガラス瓶の中に収める

編集→自由変形を選択します。オプションバーを使ってカメラを**42**%に縮小後、**移動ツール**でガラス瓶の上にカメラを配置します。次に背面のレイヤー（レイヤー1のコピー）を選択後、図を参考に**長方形選択ツール**でガラス瓶上部の不必要な部分を選択、**delete**キーで消去します。

※消去後は**選択範囲→選択を解除**を実行します。
※CS6をお使いの方は**パスパネル**からパスの選択を解除してから**編集→自由変形**を選択します。

6　ガラス瓶の底を上に移動して位置を調整する

レイヤーパネルの**背景**を選択後、❶を押して**べた塗り**（白）を背景の上に作成します。続いて「レイヤー1のコピー」を選択後、下図の位置を参考に shift キーを押しながら**移動ツール**を使ってガラス瓶の底を上にドラッグします。

※カメラ底部とのバランスを考えながら位置を調整します。

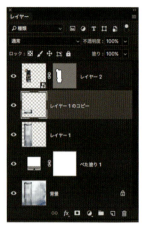

7　消しゴムツールでガラス瓶の底を融合させる

ガラス瓶の底を合成して上下が閉じたガラスの容器を完成させます。**2**つのレイヤー（レイヤー1とレイヤー1のコピー）の重なる部分が融合しているように**消しゴムツール**を使って消去しましょう。

※作例は直径 **50 px** と **10 px** のソフト円ブラシを併用して消去しました。

8 背景のコピーを最前面に移動して ガラス瓶を空で覆い隠す

レイヤーパネルの**背景**を選択します。そのままcommand（Ctrl）+ J キーを押して背景を複製後、レイヤーパネルの最上段までドラッグします。右図を参考に**移動ツール**で「背景のコピー」を左に移動後、command（Ctrl）を押しながら**レイヤー 1**のレイヤーサムネールをクリックして選択範囲を作成します。

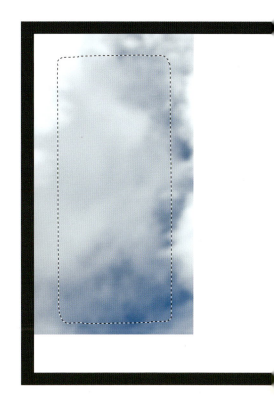

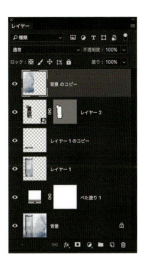

9 瓶の形状に切り抜いた空の写真を 焼き込みカラーで合成する

選択範囲→選択範囲を反転を実行します。そのまま**delete**キーを押してガラス瓶の外側の画像を消去した後、**選択範囲→選択を解除**を実行します。最後にレイヤーパネルの描画モードを**焼き込みカラー**、塗りを**35**％に設定すれば完成です。

※作例は、合成の結果暗くなった部分（背景のコピー）を消しゴムツールで部分消去して仕上げています。

65

TRANSFORMATION

DOWNLOAD FOLDER No.65

PHOTOSHOP CC / CS6

広角補正フィルターで クローム球体を作る

広角補正フィルターで作成した鮮やかなクローム球体が、立体感を誘う不思議なエフェクトです。立体的なクローム球体にチルトシフトでぼかした背景、そして球体の影のバランスがこのエフェクトのポイントです。球体と影の位置関係に注意しながら謎の球体を作成してみましょう。

ORIGINAL 65.jpg

1 広角補正を繰り返して写真を球体化させる

最初にcommand（Ctrl）＋Jキーを押して背景を複製します。そのまま**フィルター→広角補正**を選択してワークスペースを開き、補正を**遠近法**に設定後、**拡大・縮小**を**80%**に設定、**レンズ焦点距離**、**切り抜き係数**のスライダーを左方向に移動して写真を左図のように変形します。続いてフィルターメニュー最上段の**フィルター→広角補正**（変形の繰り返し）を実行して写真を球体化させます。

広角補正 ※参考値
補正：遠近法
拡大・縮小：**80%**
レンズ焦点距離：**28.00 mm**
切り抜き係数：**0.10**

球体化した写真を縮小して、路面上に配置します。**編集→変形▶拡大・縮小**を選択後、オプションバーを使って球体を41%に縮小します（**return**または、**enter**キーで変形を確定）。続いて、左図の位置を参考に**移動ツール**で球体を下に移動します。

W：41%　　H：41%

色相・彩度　　　　　　　　　　　　　　　露光量

2　調整レイヤーにクリッピングマスクを使用して、球体の色調を鮮やかに補正する

球体写真（レイヤー1）が選択状態のまま、**レイヤー→新規調整レイヤー▶色相・彩度**を選択します。新規レイヤーウィンドウから**下のレイヤーを使用してクリッピングマスクを作成**にチェックを入れて**OK**をクリック後、属性パネルの彩度を**＋35**に設定します。続いて**レイヤー→新規調整レイヤー▶露光量**を選択後、色相・彩度の時と同様にクリッピングマスクを使って明るく補正します。

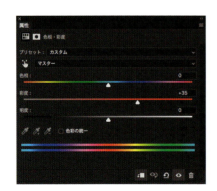
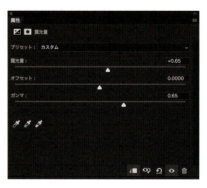

色相・彩度
色相：0
彩度：＋35
明度：0

露光量
露光量：＋0.65
オフセット：0
ガンマ：0.65

チルトシフト（ぼかし：12 px）

3 背景をチルトシフトでぼかしてから 球体に影を入れて完成

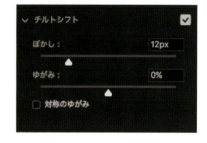

レイヤーパネルの**背景**を選択後、**フィルター→ぼかしギャラリー▶チルトシフト**を使って背景をぼかします。次に**レイヤー→新規▶レイヤー**を実行して、背景の上に透明レイヤーを作成します。下図のイメージを参考にブラシツールで黒い影を描いた後、**フィルター→ぼかし▶ぼかし（ガウス）**を使って影をぼかせば完成です。

※作例は直径 **100 px** のソフト円ブラシ、ぼかし（ガウス）**65 pixel** を使用しました。

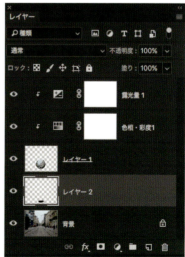

66
TRANSFORMATION

DOWNLOAD FOLDER No.66

PHOTOSHOP CC

1枚の写真から奥行きのある画を作る

映画のワンシーンのような印象に残るイメージを、1枚の写真から生み出す合成画像です。チルトシフトのボケ味と、左右非対称の合成がこのエフェクトのポイント。仕上げはCamera Raw、印象的な色味でフィニッシュしましょう。

ORIGINAL 66.jpg

1 複製した背景を水平方向に反転する

最初に**command（Ctrl）+Jキー**を押して背景を複製します。続いて**編集→変形▶水平方向に反転**を実行して複製した背景を反転します。

カンバスサイズ
幅：**2807 pixel**
高さ：**1200 pixel**
基準位置：左端

2 基準位置を左端に指定して、カンバスを右に拡張する

イメージ→カンバスサイズを使って横幅を拡張します。**基準位置を左端❶**に設定して、横幅を**2807 pixel**と入力後、**OK**をクリックします。　　※拡張カラーはブラック。

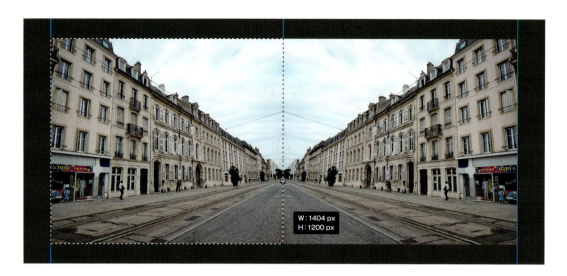

3 ガイドを使って写真の左側をカットする

移動ツールを使って反転したレイヤー（レイヤー1）を右端まで移動します。そのまま**表示**→**新規ガイドレイアウトを作成**を選択、ダイアログの**列**を操作して、写真の中心に縦のガイド線を入れた後、**長方形選択ツール**で左半分を選択します。最後に**delete キー**を押してレイヤー1の左端の一部を消去します。

新規ガイド
列
数：2
間隔：0 px

4 画像を統合後、背景をレイヤーに変換する

選択範囲→**選択を解除**、**表示**→**ガイドを消去**の順に実行後、**レイヤー**→**画像を統合**を実行して、レイヤーを背景に統合します。続いて、**レイヤー**→**新規**▶**背景からレイヤーへ**を実行して、背景をレイヤー0に変換します。

5 遠近法を使って写真を非対称に変形する

編集→変形▶遠近法を使ってレイヤー0を変形します。上図を参考に、バウンディンボックス左上のハンドル❶を下方向にドラッグ（−4.0°程度）してレイヤー0を変形します（変形の確定は実行しない）。

続けてバウンディングボックス右下のハンドル❷を左方向にドラッグ（−6.0°程度）して、写真を非対称に変形後、return（Enter）キーを押して、変形を確定します。

※手順に影響しない部分なので自由に変形しましょう。

6 透明領域を塗りつぶすために、選択範囲を拡張する

変形後に生まれた透明領域を**自動選択ツール**でクリックして選択します。この状態で選択範囲を塗りつぶすと透明領域と画像の境界に1pxの線が出てしまうので選択範囲を拡張します。**選択範囲→選択範囲を変更▶拡張**を選択後、拡張量を2pixelに設定して**OK**をクリックします。

選択範囲を拡張　拡張量：2pixel

7 「コンテンツに応じる」で塗りつぶした領域をスタンプツールで修復する

編集→**塗りつぶし**を選択します。内容を**コンテンツに応じる**に設定して手順6で設定した選択範囲の中を塗りつぶします。続いて**選択範囲**→**選択を解除**を実行後、**コピースタンプツール**と**スポット修復ブラシツール**を使って塗りつぶした透明領域を修復します。

塗りつぶし　内容：コンテンツに応じる
※透明部分の保持、カラー適用のチェックは外す。

8 修復した写真をチルトシフトでぼかす

フィルター→**ぼかしギャラリー**▶**チルトシフト**を使って、手順7で修復した写真をぼかします。実践のシャープ領域から点線のボケ足までの位置を上図の位置に合わせた後、ぼかし量を**6 px**に設定して、レイヤー0をぼかします。

9 オーバーレイを使って写真のコントラストを強くする

command（Ctrl）＋Jキーを押してレイヤー0を複製します。複製したレイヤー（レイヤー0のコピー）の描画モードを**オーバーレイ**、不透明度を**50**％に設定して背面のレイヤーに合成します。

10 Camera Rawで色合いを調整して完成

レイヤー→画像を統合を実行後、**フィルター→Camera Rawフィルター**を選択します。ワークスペースの**基本補正**と**効果**を調整して、印象的な色合いに仕上げましょう。

効果
切り抜き後の周辺光量補正
スタイル：ハイライト優先
適用量：−25
中心点：50
丸み：0
ぼかし：50
ハイライト：0

基本補正
色温度：−2
色かぶり補正：+36

露光量：−0.20
コントラスト：−10
ハイライト：−20
シャドウ：−15
白レベル：−5
黒レベル：−20

明瞭度：+25
かすみの除去：+35
自然な彩度：0
彩度：0

> **Memo**
> フィルター→スマートフィルター用に変換を実行してからCamera Rawの効果を試すと、後から何度でも修正ができます。

THE **6TH** SECTION

Ps + Ai DESIGN

PhotoshopとIllustratorで作るデザインの詰め合わせ

素材と出力のルール・まとめ

PHOTOSHOP
雲模様フィルター

ILLUSTRATOR
画像トレース
モザイクオブジェクト
変形効果とグラデーション
パスの単純化

デザイン制作に必要な知識とルール。紙媒体とweb用途では素材の扱いが異なります。最初は制作に必要な「素材データ」について確認するところから始めましょう。

このセクションはPhotoshoとIllustratorで作る「デザイン」がテーマです。QUICK REFERENCEでは、デザイン素材をテーマに内容が展開します。ポイントを理解してから作例ページに進みましょう。

QUICK **REFERENCE** THE 6TH SECTION

PHOTOSHOP CC / CS6　ILLUSTRATOR CC / CS6

アプリケーション側で操作する素材データの取り扱いについて

カラープロファイルや解像度など、用途によって異なる「条件」に対応するためには、押さえておきたいポイントが存在します。ここでは素材データの移動、リンクと配置ついて解説します。

PHOTOSHOP CC / CS6　ILLUSTRATOR CC / CS6

アプリケーションの環境を合わせてデーターを移動しよう

画像やオブジェクトなど、アプリケーション間を移動するデータは、極端な色の変化を抑えるために**カラーモード❶**（RGB/CMYK）と**カラープロファイル❷**を統一してアプリケーションの環境を合わせておきましょう。カラーマネジメントを行わない（プロファイルなし）選択もありますが、一般的に**RGB**の場合は**adobe RGB**または**sRGB**。**CMYK**の場合**Japan Color 2001 Coated**または**Japan Color 2011 Coated**です。用途に応じて環境を整えましょう。

❶ Ps	イメージ→モード

❶ Ai	ファイル→ドキュメントのカラーモード

❷ Ps	編集→プロファイルの指定

❷ Ai	編集→プロファイルの指定

PHOTOSHOP CC / CS6　ILLUSTRATOR CC / CS6

画像サイズと解像度出力時の幅と高さの関係について

Photoshopの**画像サイズ❶**はデータの大きさのことです。同じ画像サイズでも解像度を**300ppi**から**72ppi**に変換すると出力時の幅と高さは約4倍の大きさになります。**Illustrator**は解像度に関係なく、**Photoshop**で設定した**幅**と**高さ**を基準に配置するので、解像度は**Photoshop**側で設定する必要があります。また、**Illustrator**の**ラスタライズ効果設定❷**はドロップシャドウなどの「効果」を使用している場合の解像度を設定するための機能です。

❶ Ps	イメージ→画像解像度

❷ Ai	効果→ドキュメントのラスタライズ効果設定

PHOTOSHOP CC / CS6　ILLUSTRATOR CC / CS6

素材データの配置方法には埋め込みとリンクの2種類がある

素材データの移動をコピー／ペーストで行う際、受け取る側が**Photoshop**の場合、**ペースト形式**を問う選択パネルが出現しますが、**Illustrator**は画像をペーストした時点でドキュメントに埋め込まれてしまいます。画像ファイルを配置、またはドラッグ＆ドロップで移動すると**Illustrator**のリンクファイルになるので、リンク先の画像を編集すると、**Illustrator**のドキュメントは編集内容を更新することができます。

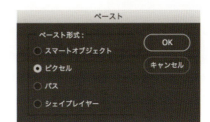

PHOTOSHOP CC

Photoshop CC の便利機能「リンクされたアイテムに変換」

「画像埋め込み型」のスマートオブジェクトから発展した**リンクされたアイテムに変換❶**では、**Illustrator**のようにリンク配置が選択できるようになりました。そして通常の画像ファイルや**Illustrator**ファイルをリンク↔埋め込みの変換も、属性パネルで操作することができます。また、**パッケージ❷**を使えばリンクファイルをフォルダに集めることができるので**Photoshop**でレイアウトをする場合は、データ量の軽いリンク配置をおすすめします。

❶ Ps	ファイル→リンクを配置

❷ Ps	ファイル→パッケージ

PHOTOSHOP CC / CS6　**ILLUSTRATOR CC** / CS6

出力前に覚えておこう
制作上のTipsあれこれ

紙媒体は解像度、Webは幅と高さが重要なポイントです。また、Photoshopのリンク配置やパッケージも気になるところ。ここでは、そんな出力に関係する情報を中心にまとめてみました。

PHOTOSHOP CC / CS6　**ILLUSTRATOR CC** / CS6

解像度は出力先に合わせることが基本
画像サイズは無理に上げないこと

Photoshopの解像度はイメージメニューの**画像解像度❶**、Illustratorは効果メニューの**ドキュメントのラスタライズ効果設定❷**から指定します。Illustratorは**効果の解像度**なので、実際の出力は配置画像の解像度に依存します。また、プリンター出力は175ppiほど、印刷では300〜350ppiの解像度が必要とされていますが、あくまでも出力解像度の基準値に合わせることが基本です。

ピクセル表記の**寸法❸**に比例する**画像サイズ❹**にも注意しましょう。写真の場合Photoshopで画像サイズを上げても、撮影時の設定以上の画質にはなりません。ピクセル間を広げて、その隙間に近似値のピクセルを入れることになるので画像サイズを大きくするとぼやけた写真になってしまいます。

ILLUSTRATOR CC / CS6

Ai保存で印刷するなら
アウトライン・分割・拡張をしておこう

Illustrator保存（ネイティブ保存）したデータを印刷する場合は、**文字のアウトライン❶**をしておきましょう。ドキュメント内のオブジェクトに効果を使用している場合は**アピアランスの分割❷**、エンベロープなら**拡張❸**を実行することで、オブジェクトに文字が含まれている場合は、一緒にアウトライン化することができます。

❶	書式→アウトラインを作成
❷	オブジェクト→アピアランスを分割
❸	オブジェクト→エンベロープ▶拡張

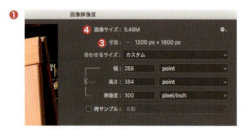

※画像解像度の幅と高さがIllustratorに配置した時の大きさです。

ILLUSTRATOR CC / CS6

アートボードの外側は印刷領域外
出力できないので注意しよう

Illustratorで印刷する場合、アートボードの外側は印刷の領域外です。アートボードはトリムマークに影響するので、扱いを出力先のルールに合わせる必要があります。

素材制作にIllustratorを使う場合、選択したオブジェクトに合わせてアートボードのサイズ変化する**オブジェクト全体に合わせる❶**が便利です。素材の大きさに合わせてアートボードを作り直しておけば、**アートボード全体表示❷**を実行する時に作業が楽になります。

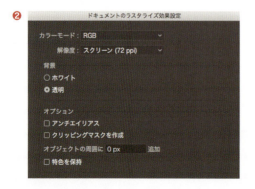

❶	オブジェクト→アートボード▶オブジェクト全体に合わせる
❷	表示→アートボードを全体表示

command (Ctrl) + 0

THE 6TH SECTION　Ps + Ai DESIGN

ILLUSTRATOR CC / CS6　**PHOTOSHOP CC** / CS6

クリッピングマスク（Ai）と
クリッピングパス（Ps）

Illustratorのクリッピングマスクと**Photoshop**のクリッピングパス。どちらもパスで行うマスク操作のコマンドです。**Illustrator**でレイアウトをする場合、一般的に**クリッピングマスク❶**は配置した画像データのトリミングに使います。

Photoshopの**クリッピングパス❷**はパスを使ったマスク操作のこと。ペンツールで囲んだ作業用パスを、クリッピングパスとして保存すると、切り抜かれた状態で**Illustrator**に写真を配置することができます。

| ❶ | Ai | オブジェクト→クリッピングマスク▶作成 |

| ❷ | Ps | パスを保存（パスパネルのオプションメニュー） |

ILLUSTRATOR CC　**PHOTOSHOP CC**

IllustratorとPhotoshopの
パッケージ化について

Illustratorのパッケージは、ドキュメントの他にリンク画像、使用フォント、パッケージレポートが含まれたフォルダーを作成します。**Photoshop**のパッケージは、画像ファイルとリンク画像がフォルダーに含まれます。どちらのアプリケーションも、パッケージの前にドキュメントを保存する必要があります。

ILLUSTRATOR CC　**PHOTOSHOP CC**

IllustratorとPhotoshopは
リンクと埋め込みを切り替えることが可能

Illustratorの埋め込み／解除は、リンクパネルのオプションメニューを使って切り替えます。リンク画像を選択後、**画像を埋め込み**（埋め込みを解除）を選択するだけですが、埋め込んだ画像を解除する時は画像を一度保存する必要があります。

Photoshopは属性パネルの**埋め込み**／**リンクされたアイテムに変換**を使って切り替えます。また、スマートオブジェクトの埋め込みも、ほかのファイルと同様に属性パネルを使ってリンク状態に切り替えることができます。

| Ai / Ps | ファイル→パッケージ |

ILLUSTRATOR CC / CS6

Illustratorのデータを
PSDやJPEGに書き出す

Illustratorのドキュメントを画像化する場合は、**書き出し❶**を使います。カラーモード、ファイル形式、解像度を個別で設定したり、レイヤーを保持した状態で**PSD**ファイルに書き出すことができます。

ILLUSTRATOR CC / CS6

「編集機能を保持」を外すと
PDFのファイル量は軽くなる

編集機能を保持を外して**PDF**を保存すると、ファイル量が軽くなります。**PDF**をメール添付する時に有効な小技です。

| ❶ | ファイル→書き出し▶書き出し形式 |

Memo…
スマートオブジェクトの
コンテンツを開くと出てくる
PSBファイルとは…

PSB（ビッグドキュメント形式）はピクセル数やファイルサイズに影響しない保存形式のこと。**Photoshop**ドキュメント（**PSD**）は、ピクセル数に制限（30,000ピクセルまで）がありますが、**PSB**には制限がありません。また、データを圧縮する**JPEG**に対して、**PSD**、**TIFF**、**PSB**はピクセルの修正及びデータを失わないファイルの再保存が可能なので、画像ファイルを編集後に保存する場合は**PSD**、**TIFF**、**PSB**形式の保存がおすすめです。

Section 06_QUICK REFERENCE　239

デザインの実験・研究・制作方法を考える **DESIGN LAB #1**

PHOTOSHOP CC / CS6

雲模様フィルターで作る「大きい雲」の合成表現

67

Ps + Ai DESIGN

DOWNLOAD FOLDER No.67

ここからはデザイン素材の実験、研究、制作方法をテーマにした特集ページを展開します。初回は「雲模様フィルター」の実用性について考えます。広くて大きい雲を青い空に合成してみましょう。

ORIGINAL 67.jpg

PHOTOSHOP CC / CS6

① 雲模様フィルターは描画色と背景色を使って雲の模様をランダムに生成するフィルター

ソフトな雲をランダムに生成する**雲模様1フィルター**ですが、広くて大きな雲の再現は少し苦手。そこで考えた方法が小さく作って引き延ばすこと。ここでは**雲模様2**を使ったハードな雲を空に合成します。まずは、小さな雲模様を生成するためにレイヤーパネルの❶を押して**新規レイヤーを作成**しましょう。

❶

Memo...

option(Alt)キーを押しながら雲模様1を選択すると、雲模様がより鮮明に生成されます。

PHOTOSHOP CC / CS6

② 新規レイヤーに
　小さな選択範囲を作成する

新規レイヤーが選択状態のまま、**長方形選択ツール**を使って選択範囲を作成します。

※選択範囲は画面上のどこでも構いません。作例は 200 px×150 px (参考値) の選択範囲を作成します。写真全体と選択範囲の比率を参考にしましょう。

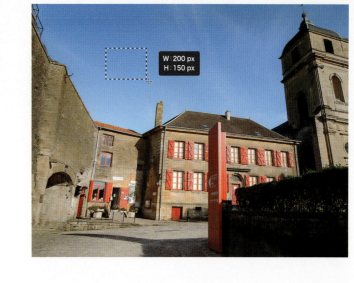

PHOTOSHOP CC / CS6

③ 雲模様１フィルターは
　ソフトな雲のパターン

描画色と背景色を黒／白に設定した後、フィルターメニューから**雲模様1**❶を実行します。選択範囲の中に雲模様が生成されたら、次は**雲模様2**を作成します。

❶　フィルター→描画▶雲模様１

描画色：黒
背景色：白

PHOTOSHOP CC / CS6

④ 雲模様２フィルターは
　雲模様の反転パターン

手順3同様に、フィルターメニューから**雲模様2**❶を実行します。雲模様2は模様が反転したパターンです。雲模様1は繰り返して実行すると、パターンを変えて雲を生成しますが、雲模様2は繰り返すと雲の間の輪郭が強調されて大理石のように細かく変化していきます。

❶　フィルター→描画▶雲模様２

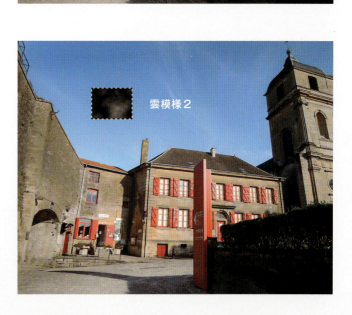

PHOTOSHOP CC / CS6

⑤ 雲模様を
　大きく引き伸ばして
　空を覆い隠す

編集メニューから**拡大・縮小**❶を選択して、生成した雲模様パターンを拡大します。空部分を覆い隠すように引き伸ばした後で、**選択範囲を解除**❷します。

| ❶ | 編集→変形▶拡大・縮小 |
| ❷ | 選択範囲→選択を解除 |

オーバーレイ　不透明度：80％

PHOTOSHOP CC / CS6

⑥ ソフトライトを使って
　雲模様（レイヤー1）を背景の空に合成する

レイヤーパネルを使ってレイヤー1の描画モードを**ソフトライト**❶に変更します。さらに濃厚な空を合成したい場合は、不透明度を調整しながら**オーバーレイ**で合成する方法もあります。合成が完了した段階で試してみましょう。

PHOTOSHOP CC / CS6

⑦ コントラストを上げて雲を強調する

雲の形状があいまいなので、イメージメニューから**明るさ・コントラスト**❶を強めに設定して雲のディテールを強調しました。

※作例は明るさ 100、コントラスト 80 に設定しました。

❶ 　　イメージ→色調補正▶明るさ・コントラスト

PHOTOSHOP CC / CS6

⑧ 建物にかかる雲を削除して完成

最後は建物と雲が重なる部分を消去します。作例は**選択範囲→色域指定**を使って空の青い部分を抽出／選択後、**選択範囲→選択とマスク**で境界を調整、レイヤーマスクに出力❶して仕上げました。

※消しゴムツールを使ってレイヤー1を部分的に消去❷しても違和感なく仕上げることができます。

デザインの実験・研究・制作方法を考える　DESIGN LAB #2

PHOTOSHOP CC / CS6　ILLUSTRATOR CC / CS6

画像トレースでどこまで
イラストに近づけるか

68

Ps + Ai DESIGN

DOWNLOAD FOLDER No.68

Illustratorの画像トレースをフィルターに使って写真をイラスト化する実験的なテクニック。トレースする画像は72ppiの埋め込み画像、コピー&ペーストでアプリケーション間を移動します。

ORIGINAL 68.jpg

PHOTOSHOP CC / CS6

① 写真を明るく鮮やかに補正してからコピーしよう

イラスト化の前にPhotoshopの**明るさ・コントラスト**❶と、**色相・彩度**❷を使って素材写真（68.jpg）を鮮やかに補正してから、**選択**❸、**コピー**❹の順に実行します。

※明るさ・コントラストの設定値：明るさ25／コントラスト-10（参考値）
※色相・彩度の設定値：彩度40（参考値）

| ❶ | イメージ→色調補正▶明るさ・コントラスト |
| ❸ | 選択範囲→すべてを選択　command（Ctrl）+ A |

| ❷ | イメージ→色調補正▶色相・彩度 |
| ❹ | 編集→コピー　command（Ctrl）+ C |

THE 6TH SECTION　Ps + Ai DESIGN　68

※素材写真の解像度は300ppi

ILLUSTRATOR CC / CS6

② Illustrator のドキュメントに写真をペーストする

Illustratorの**ファイル→新規**から400 px×300 px、RGB、72ppiの新規ドキュメントを作成します。続いて**command**（**Ctrl**）+**V**キーを押して、ドキュメントにコピーした写真を**ペースト**後、そのまま**オブジェクト→ラスタライズ**を選択、ペーストした「埋め込みファイル」を300ppiから72ppiに変更します。

※手順1でコピーした300ppiの素材写真は、ペーストするとそのまま300ppiの埋め込みファイルになります。

❶ 幅：400 px
❷ 高さ：300 px
❸ カラーモード：RGBカラー
❹ ラスタライズ効果：72 ppi
❺ 解像度：72 ppi
❻ 背景：ホワイト
❼ クリッピングマスクを作成：オフ

※リンクパネルで解像度と埋め込みの確認。

❽ 埋め込み画像のアイコン
❾ 72 ppiの確認

72ppi

300ppi

ILLUSTRATOR CC / CS6 → PHOTOSHOP CC / CS6

③ 画像トレースのプレビューを素材写真に戻す

ウィンドウメニューから画像**トレースパネル**❶を開きます。右図を参考に上から順番に設定後、最後に**プレビュー**❿を押します。

※トレース結果を変えたい場合は、**カラー**❹を
　少し動かしてください。

プレビュー状態の埋め込み画像をコピーした後、**Photoshop**に戻り、ピクセル形式で素材写真にペーストすれば完成です。

❶ 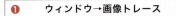 ウィンドウ→画像トレース

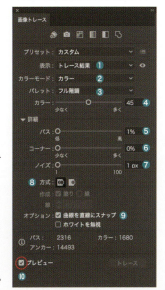

❶ 表示：トレース結果
❷ カラーモード：カラー
❸ パレット：フル階調
❹ カラー：45
❺ パス：1%
❻ コーナー：0%
❼ ノイズ：1%
❽ 方式：隣接
❾ オプション：
　 曲線を直線にスナップ

※トレースをもう少し繊細にしたい場合は、
　300ppiの埋め込みファイルのまま、画像
　トレースを試してみましょう。

Section 06_QUICK REFERENCE_68　245

デザインの実験・研究・制作方法を考える　DESIGN LAB #3

PHOTOSHOP CC / CS6　**ILLUSTRATOR CC** / CS6

モザイクオブジェクトで
ピクセルアートに挑む！

69

Ps + Ai DESIGN

DOWNLOAD FOLDER No.69

モザイクといえばPhotoshopのモザイクフィルター※が思い浮かびますが、今回試すのはIllustratorのモザイクオブジェクト。ピクセルがパスになるので加工も自在。ドット絵も作れる強力なコマンドです。

※フィルター→ピクセレート▶モザイク

ORIGINAL　69.jpg

PHOTOSHOP CC / CS6

① 写真を鮮やかに補正してから 72ppi でコピーする

モザイクオブジェクトは白い部分が少ない写真を選ぶのがコツです。右の素材写真は画像トレース（P.244）と同じ300ppiです。今回は最初に素材写真の解像度を72ppiに落としてからコピーします。まずは**Photoshop**の**明るさ・コントラスト**❶と**色相・彩度**❷を使って素材写真（69.jpg）を鮮やかに補正しましょう。

※明るさ・コントラスト：明るさ 10 ／コントラスト −40（参考値）。
※色相・彩度：彩度 45（参考値）。

❶　イメージ→色調補正▶明るさ・コントラスト

❷　イメージ→色調補正▶色相・彩度

❷ 再サンプル：自動
❹ 解像度：72ppi

PHOTOSHOP CC / CS6

② 再サンプルで写真の解像度を 72ppi に落とします

イメージメニューから**画像解像度**❶を開きます。**再サンプル**❷にチェックを入れて幅と高さが**リンク**❸しているのを確認後、解像度を 72ppi ❹ に設定します。**画像サイズ**❺が変更前より軽くなっているのを確認してから **OK** をクリック後、すべてを**選択**❻、**コピー**❼の順に実行します。

Memo...
素材写真が 72ppi の場合は、幅と高さを調整して画像サイズを 300〜400KB くらいに落としましょう。

❶　　イメージ→画像解像度

❻　選択範囲→すべてを選択　command（Ctrl）+ A

❼　編集→コピー　command（Ctrl）+ C

ILLUSTRATOR CC / CS6

③ Illustrator のドキュメントに写真をペーストする

Illustrator の**ファイル→新規**から、400 px × 300 px、カラーモード RGB の新規ドキュメントを作成後、手順2でコピーした素材画像を**ペースト**します❶。

※ペーストすると、自動的に埋め込みファイルになります。
※ペーストした画像が埋め込みファイルになっているか❷、
　解像度は 72ppi ❸ になっているかをリンクパネルで確認しましょう。

❶　編集→ペースト
　　command（Ctrl）+ V

❷　埋め込み配置を示すアイコン

❶ 幅：400 px
❷ 高さ：300 px
❸ カラーモード：RGB カラー
❹ ラスタライズ効果：72ppi

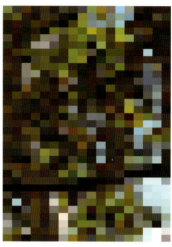

※タイル数が多い場合は作成に時間がかかります。

ILLUSTRATOR CC / CS6

④ 埋め込み画像を使って
モザイクオブジェクトを作成する

オブジェクトメニューから**モザイクオブジェクトを作成**❶を選択します。**ラスタライズデータを削除**❷をチェック後、タイルの**幅**と**高さ**❸を 100 に設定して **OK** を押します。

※作成には時間がかかります。時間がない場合はタイル数を減らして調整してください。
※比率を使用❹を使うと、タイル数が調整されて、モザイクの形状が正方形になります。

❶　オブジェクト→モザイクオブジェクトを作成

タイル数
❶ 幅：100
❷ 高さ：100

オプション
❷ ラスタライズデーターを削除

ILLUSTRATOR CC / CS6

⑤ 完成したモザイクオブジェクトをコピーして
そのまま前面にペーストする

モザイクオブジェクトが完成したら、選択状態のまま**コピー**❶、**前面へペースト**❷の順に実行します。

※次は前面オブジェクトの**塗り**をグラデーションに変更します。ペーストしたオブジェクトは選択状態のままにしておいてください。

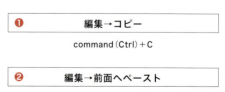

※線形グラデーション　角度0°の状態

※線形グラデーション　角度45°の状態

ILLUSTRATOR CC / CS6

⑥ 1000ピースのパーツを
　グラデーションに変更する

グループ解除した長方形オブジェクトの**塗り**を
グラデーションに変更します❶。
グラデーションパネルを使って白から黒に変化
する線形グラデーションの角度を 0°から 45°に
変更しましょう❷❸。

※選択はまだ解除しないでください。

ILLUSTRATOR CC / CS6

⑦ 描画モードを
　ソフトライトにすれば完成

1000ピースの長方形オブジェクトの描画モード
を、**透明パネル**を使ってソフトライト❶に変更
すれば完成です。

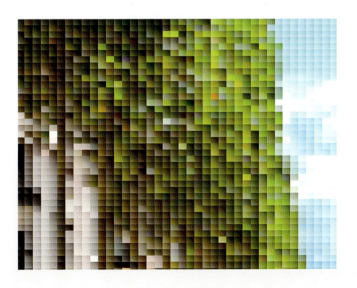

デザインの実験・研究・制作方法を考える **DESIGN LAB #4**

ILLUSTRATOR CC / CS6

回転と合体で作る「花」を Illustratorで描こう

円をガイドに花びらを回転させて並べるシンプルなデザイン素材。回転の基準点がわかれば簡単に作れます。グラデーションで折り目をつけてイラスト風に仕上げてみましょう。

70
Ps + Ai DESIGN

DOWNLOAD FOLDER No.70

※このセクションは単位をミリ(㎜)で解説します。

ILLUSTRATOR CC / CS6

① 3枚の花びらと花芯を中央に揃えよう

逆三角形に並んだ3枚の花びらを1セットと、中央部分の花芯を正円で作成します。幅の広い花びら1枚でも良いです。**オプションバー**または**整列パネル**を使って中央に素材が揃うように配置しましょう。

 ※作例は花芯の直径を約9㎜で作成しています。

ORIGINAL 70a.ai

■ #c53c37（カラーコード）
■ #ebcd17（カラーコード）

ILLUSTRATOR CC / CS6

② 回転のポイントは正円のガイドを作ること 変形効果で一発作成しよう

正円の花芯部分を選択後、**編集→コピー**、**編集→前面へペースト**の順に実行します。そのまま右図を参考に正円を拡大（塗り：なし 線／線幅：なし）後、**オブジェクト→グループ**を使って5つのパーツをグループにします。続いて**効果→パスの変形▶変形**を使って、作成したグループを回転／コピーすれば花のフォルムが完成します。

グループ

Memo…

option(Alt) + shift キーを押しながらバウンディングボックスのハンドルを外側に向けてドラッグすると、比率を固定したまま円の中心から正円を拡大することができます。

変形効果

❶ 回転 角度：90°
❷ コピー：3
❸ 変形の基準点は中央

変形効果

ILLUSTRATOR CC / CS6

③ オブジェクトを分割後コピーする

オブジェクト→アピアランスを分割を実行して、回転/コピーしたオブジェクトを分割後、そのまま**編集→コピー**を実行して分割したオブジェクトをコピーします。

※塗りと線を（なし）に設定した外側の円は、アピアランスを分割した時点で消失します。外側の円が残っている場合、**グループ選択ツール**で外側の円を選択後、削除しましょう。

グループ選択ツール

ILLUSTRATOR CC / CS6

④ 線幅を設定して
　オブジェクトの周囲に白い線を加える

オブジェクトが選択状態のまま、**線**を白、線幅を**3**㎜に設定してオブジェクトの周囲に白い**線**を加えます。

線：白　線幅：3㎜

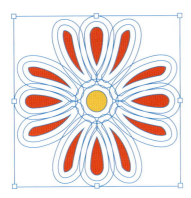

ILLUSTRATOR CC / CS6

⑤ 線をアウトライン化したら
　合体してひとつのオブジェクトにする

オブジェクト→パス▶パスのアウトラインを実行して、手順**4**で追加した**線**をアウトライン化した後、パスファインダーの**合体**を使ってオブジェクトをひとつの図形にまとめます。

※オブジェクトの最背面に配置する白フチ部分になります。

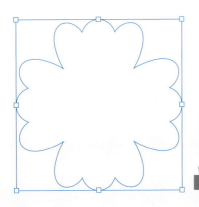

ILLUSTRATOR CC / CS6

⑥ 前面へペーストを使って
オブジェクトを3層にする

編集→前面へペーストを実行して、手順4でコピーした花を**前面へペースト❶**します。

次に、背面の白フチオブジェクトを選択後、**編集→コピー**を実行します。続いて**選択→選択を解除**を実行後、**編集→前面へペースト❷**を実行、白フチオブジェクトを最前面にペーストします。

※重ね順のイメージ

ILLUSTRATOR CC / CS6

⑦ 最前面のオブジェクトに
グラデーションの折り目を入れる

グラデーションで折り目を再現するために、最前面のオブジェクトの塗りを**グラデーション❶**に変更します。

※グラデーションパネルのスライダーの位置が隣接するので、パネルを右側に引き伸ばしておくと作業が楽になります。

グラデーションを設定後、**グラデーションツール❷**を使って折り目の中心位置を微調整しましょう。

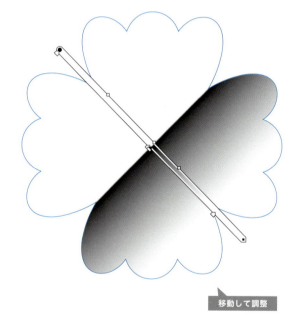

移動して調整

❸ 種類：線形　❹ 角度：-45°

❺ 白　　　　❻ 黒　　　　❼ 中間点　　　❽ 白
位置：50%　位置：50.5%　位置：38%　　位置：85%

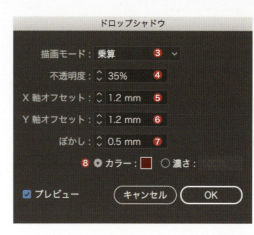

❸ 描画モード：乗算　　❻ X軸：1.2㎜
❹ 不透明度：35%　　　❼ ぼかし：0.5㎜
❺ X軸：1.2㎜　　　　❽ カラー：#723131（カラーコード）

ILLUSTRATOR CC / CS6

⑧ 乗算で合成後、ドロップシャドウを加えて完成

透明パレットを使って最前面のグラデーションの描画モードを**乗算**❶、不透明度を **25%**❷に設定します。最後にすべてのオブジェクトを選択後、**オブジェクト→グループ**を実行、**効果→スタイライズ▶ドロップシャドウ**を適用すれば完成です。

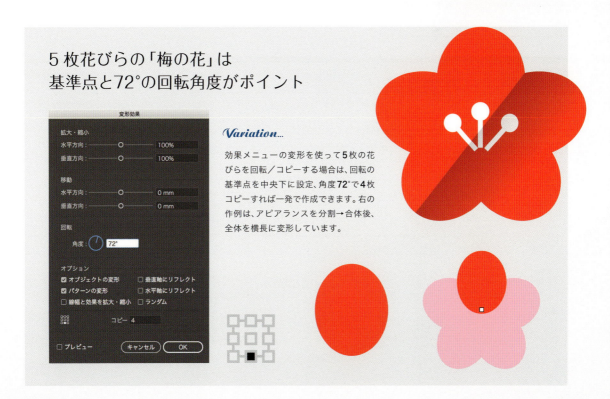

ILLUSTRATOR CC / CS6

シルエットを単純化して滑らかに仕上げる

71

Ps + Ai DESIGN

DOWNLOAD FOLDER No.71

特集ページの最後は、カーブを滑らかに仕上げるシルエットの作り方を考えます。ここでは単純化コマンドと曲線ツールを使った「トレース後のパスの仕上げ方」と、「左右対称のシルエットの作り方」について制作のコツを簡単に解説します。

ILLUSTRATOR CC / CS6

① ペンツールで細かくクリックしながらアウトラインを描こう

❶**ペンツール**をクリックしてトレースしたいシルエットのアウトラインを作成したら、❷**オブジェクト→パス▶単純化**を使って、ガタガタな直線を滑らかに調整します。❸仕上げは**曲線ツール**。アンカーポイントを操作しながら、調整箇所を整えるだけで、簡単に綺麗なラインを作ることができます。

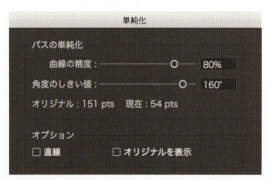

※参考値

ORIGINAL 71a.ai

FINISH f71a.ai

ILLUSTRATOR CC / CS6

② 左右対称の蝶のシルエットは片方の羽と胴体を描こう

左右対称のシルエットの場合は、❶**パスの単純化**で羽のフォルムを整えた後、❷**リフレクトツール**で反転／コピーします。❸次に胴体部分と合わせて3つのパーツを**整列**後、❹パスファインダーの**合体**を実行して蝶のシルエットを完成します。

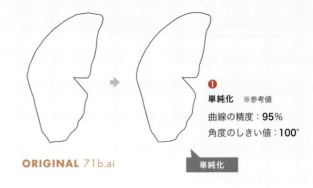

ORIGINAL 71b.ai

❶ 単純化 ※参考値
曲線の精度：95%
角度のしきい値：100°

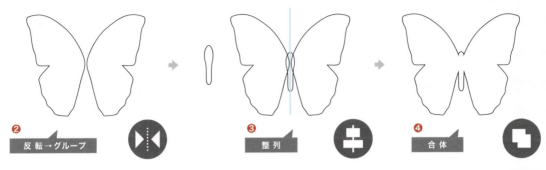

❷ 反転→グループ　❸ 整列　❹ 合体

ILLUSTRATOR CC / CS6

③ グラデーションで「塗り」を仕上げれば1つのパスだけで完成する

P.252の花と同様に、線形グラデーションで蝶のオブジェクトを仕上げてみましょう。ポイントは**グラデーションパネル**のスライダーの位置。パネルを右側に引き伸ばしてから操作すると、隣接したスライダーをドラッグする時に簡単に位置を調整することができます。

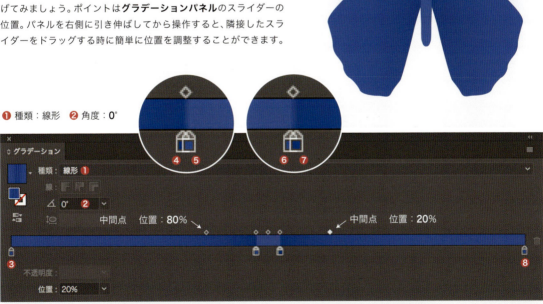

❶ 種類：線形　❷ 角度：0°

❸ #3d4fa3 位置：0%
❹ #304094 位置：47.6%
❺ #4154a5 位置：47.9%
❻ #4154a5 位置：52.1%
❼ #304094 位置：52.4%
❽ #3d4fa3 位置：100%

※カラーはすべてカラーコード表記・隣接するスライダーの位置は参考値です。

THE 6TH SECTION　作例 START ▶

72

Ps + Ai DESIGN

DOWNLOAD FOLDER No.72

PHOTOSHOP CC　ILLUSTRATOR CC / CS6

低彩度の写真に手書きの強調線を描く

Illustratorのパスで作成した手書きの強調線に、低彩度の写真を合成したエフェクトです。ブラシツールで描く強調線は、可変線幅と光彩の効果で光跡のように仕上げます。滑らかなラインの強調線と、光彩絞りぼかしのバランスを意識しながら作業しましょう。

ORIGINAL 72a.jpg

PHOTOSHOP CC

1 Camera Rawで背景を明るいモノトーンに調整する

42a.jpgを開いた後、command（Ctrl）＋ J キーを押して背景の複製を作成します。そのまま複製したレイヤーを**非表示**に設定後、背景を選択して、**フィルター→Camera Rawフィルター**を選択します。下図の設定値を参考にCamera Rawのワークスペースから**基本補正**を編集して、写真を明るいモノトーンに調整後、調整タブを**レンズ補正**に切り替え、**周辺光量補正**を使って写真の四隅を明るく調整します。

レンズ補正

周辺光量補正
適用量：＋65
中心点：0

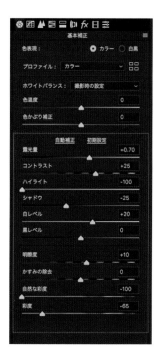

基本補正

露光量：＋0.70
コントラスト：＋25
ハイライト：−100
シャドウ：−25
白レベル：＋20
黒レベル：0

明瞭度：＋10
かすみの除去：0
自然な彩度：−100
彩度：−65

2 レイヤーマスクを「白」で描画する

Photoshopの
ブラシツール

手順1で非表示にしたレイヤー1を**選択／表示**します。続いて**レイヤー→レイヤーマスク▶すべての領域を隠す**を実行して、レイヤーマスクを作成後、レイヤー1のレイヤーマスクサムネールを選択します。**ブラシツール**で画面中央の人物と自転車を白で描画すると、色彩が浮かび上がってくるので、不透明度を調整しながらレイヤーマスクを描画して、部分的に色彩を加えていきます。

※作例はソフト円ブラシ、直径100 px、(不透明度50%)と
　5 px (不透明度100%)を使用して描画しました。
※次の手順では、Illustratorにファイルを配置するので、
　作業中のファイル(72a.psd)をデスクトップに保存しましょう。

3 Illustratorのブラシツールで手書きの円を描く

Illustratorから新規ドキュメントを開き、**ファイル→配置**を使ってドキュメントに保存した写真(72a.psd)を配置します。続いてレイヤーパネルを**ロック**❶した後、❷を押して**新規レイヤーを作成**します。このまま、左図を参考に**ブラシツール**で被写体の周りをぐるぐる描くように5周ドラッグしてパスを作成しましょう。

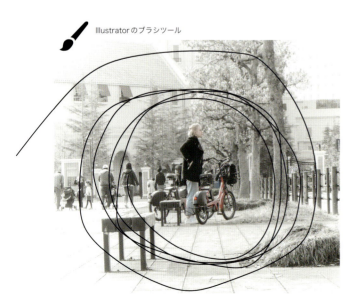

Illustratorのブラシツール

THE 6TH SECTION　Ps + Ai DESIGN　72

Illustratorのブラシツール

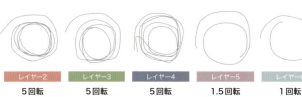

レイヤー2	レイヤー3	レイヤー4	レイヤー5	レイヤー6
5回転	5回転	5回転	1.5回転	1回転

ILLUSTRATOR CC / CS6

[4] 5つのレイヤーに
手書きの円を描く

手書きの円を描き終えたらレイヤーを**ロック**、そして**新規レイヤーを作成**して新たに被写体の周りをぐるぐる描きます。この作業を4回繰り返して、レイヤー2からレイヤー6までの**5つのレイヤーを作成**しましょう。

ILLUSTRATOR CC / CS6

[5] 5つの円を単純化して
線種を変更する

レイヤー2から6までの**ロック**を解除して、作成したパスをすべて選択します。続いて**オブジェクト→パス▶単純化**を使って手書きの円を滑らかな形状に変形後、コントロールバーのブラシの線を**基本**、可変線幅を**線幅プロファイル1**、線幅を**3mm**に設定します。

※パスの単純化を繰り返して実行すると、手書き円のラインがさらに滑らかになります。

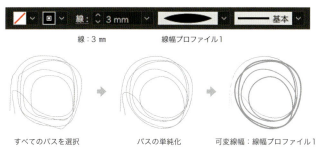

線：3mm　　　線幅プロファイル1

すべてのパスを選択　　パスの単純化　　可変線幅：線幅プロファイル1

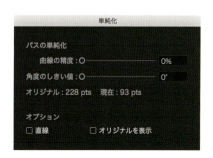

パスの単純化　※直線のチェックを外す
曲線の制度：0%　角度のしきい値：0°

Section 06_72　259

ILLUSTRATOR CC / CS6

6 5つの円の線幅を変更する

レイヤーパネルの**表示／非表示**を使って、レイヤー2〜6までの手書き円の**線幅**をそれぞれ変更します。

※**選択ツール**で手書き円のパスを選択してから、コントロールバー、または**線**パネルを使って線幅の値を入力しましょう。

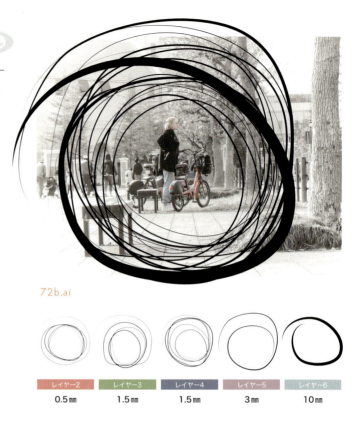

72b.ai

レイヤー2	レイヤー3	レイヤー4	レイヤー5	レイヤー6
0.5mm	1.5mm	1.5mm	3mm	10mm

ILLUSTRATOR CC / CS6 → PHOTOSHOP CC / CS6

7 手書きの円を写真にペーストする

選択ツールを使って手書きの円（レイヤー**2**から**6**）をすべて選択後、**編集→コピー**を実行します。
続いて作業をPhotoshopに切り替えます。手順**2**で保存した作業中のファイル（**72a.psd**）に対して**編集→ペースト**を実行します。

※ペースト形式は**ピクセル**です。
　作例は**92**%に縮小してレイヤーに配置しています。

配置完了後、**編集→塗りつぶし**を選択して手書きの円を白く塗りつぶします（Photoshop）。

※**透明部分の保持**にチェックを入れてからホワイトで手書きの円を塗りつぶしましょう。

塗りつぶし
内容：ホワイト

※透明部分の保持のチェックを入れる。

PHOTOSHOP CC

8 手書きの円に光彩の効果を加えてから
光彩絞りで背景をぼかせば完成

白く塗りつぶした手書きの円（レイヤー 2）に対して**レイヤー→レイヤースタイル
▶光彩（外側）**を選択します。ダイアログボックスを編集して手書き線の外側に
光彩の効果を加えた後、レイヤーパネルの不透明度を**75**％程度に下げます。

続いて、**背景**を選択して**フィルター→ぼかしギャラリー▶光彩絞りぼかし**を選択
します。人物に**ぼかしピン**を合わせて楕円の大きさを調整後、**option**（**Alt**）キー
を押しながら○の位置（シャープ領域）を調整します。最後にぼかし量を **26 px** に
設定して **OK** をクリックすれば完成です。

※光彩絞りぼかしのシャープ領域のコントロールは **P.101** を参照してください。

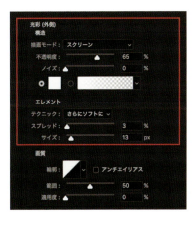

レイヤースタイル

光彩（外側）

描画モード：スクリーン
不透明度：65％
テクニック：さらにソフトに
スプレッド：3％
サイズ：13 px

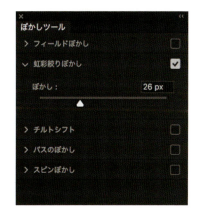

虹彩絞りぼかし

ぼかし量：26 px

73

Ps + Ai DESIGN

DOWNLOAD FOLDER No.73

PHOTOSHOP CC / CS6　**ILLUSTRATOR CC** / CS6

レンズの合成と組み写真

ORIGINAL 73a.jpg

カメラのレンズに風景写真を映り込ませた透明感のある合成写真。これをIllustratorに配置して組み写真に仕上げます。ここではクリッピングマスクを使った配置画像のトリミングや、リンク画像の再設定などIllustratorを使った課題が中心です。完成した組み写真はファイルメニューの「書き出し」を実行することで、JPEGやPSD形式の画像ファイルに書き出すことができます（P.271参照）。

ORIGINAL 73b.jpg　Photo by Márton Erös

PHOTOSHOP CC / CS6

1 映り込み用の画像を球面状に変形する

最初に、レンズの映り込みに使う写真（73b.jpg）を正方形に切り抜きます。**イメージ→カンバスサイズ**を選択してダイアログボックスを呼び出した後、「**幅**」を 1600 pixel から 1200 pixel に設定して写真を正方形にトリミングします。続いて**フィルター→変形▶球面**を選択して球面状に写真を変形します。

※作例は球面フィルターの「量」を 100％で変形しました。

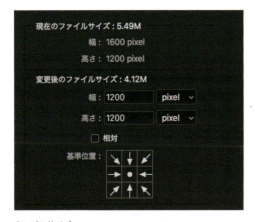

カンバスサイズ
幅：1200 pixel
高さ：1200 pixe

PHOTOSHOP CC / CS6

2 カメラのレンズに写真をはめ込む

楕円形選択ツール

楕円形選択ツールを使って球面状に膨らんだ部分を選択します。写真の右上角から左下の角まで **shift キー**を押しながらドラッグします。続いて**編集→コピー**を選択後、素材写真（73a.jpg）を開いて**編集→ペースト**を実行します。

編集→変形▶拡大・縮小を使ってペーストした写真をレンズ部分に合わせます。**shift キー**を押しながらバウンディングボックスのコーナーポイントをドラッグすると比率を保ったまま拡大／縮小できます。　※作例は 42.5％縮小。

PHOTOSHOP CC / CS6

3 映り込み写真を合成したらデスクトップに保存する

レイヤーパネルの描画モードを**覆い焼きカラー**に変更して、映り込み写真を合成後、**レイヤー→画像を統合**を実行してデスクトップに保存します（**f73a.jpg**）。

※素材写真のレンズが暗い場合は、映り込み写真のレイヤーを複製して、**スクリーン**と**覆い焼きカラー**を組み合わせて合成すると明るく補正できます。

ILLUSTRATOR CC / CS6

4 Illustratorに配置した写真をクリッピングマスクでトリミングする

Illustratorの**ファイル→新規**から900 px × 700 px、カラーモード**RGB**の新規ドキュメントを開いた後、デスクトップに保存した写真ファイル（**f73a.jpg**）をIllustratorのアートボードにドラッグ＆ドロップで配置します。続いて**長方形ツール**を画面上でクリックしてダイアログボックスを開き、450 px × 350 pxの長方形パスを作成します。そのままトリミング位置に長方形パスを移動後、写真と長方形パスを選択して**オブジェクト→クリッピングマスク▶作成**を実行します。

長方形
幅：450 px
高さ：350 px

ILLUSTRATOR CC / CS6

5 写真を並べて組み写真にする

クリッピングマスクでトリミングした写真をアートボード左上の角に合わせて移動した後、**オブジェクト→変形▶移動**を使って、写真を右に **450 px** 移動／コピーします。以下、同様の方法で4枚の写真をぴったり並べましょう。

※写真を下に移動／コピーする時の設定値は **350 px** です。この数値は**変形パネル**で確認できます。

ILLUSTRATOR CC / CS6

6 「リンクを再設定」で写真を入れ替えれば完成

選択ツールで右上の写真を選択します。続いてリンクパネル下のアイコンから**リンクを再設定**❶を押して、別の素材写真（**73c.jpg**）に入れ替えた後、そのまま**選択ツール**で写真の大きさや位置を調整します。同様の方法で下段の写真を入れ替えれば完成です。

Memo クリッピングマスク化した写真のサイズ調整方法

ダイレクト選択ツールで該当の写真を選択後、選択ツールに切り替えてshiftキーを押しながら写真のコーナーハンドルを動かしてサイズを調整します。

73c.jpg

73d.jpg

73e.jpg

❶ リンクを再設定

PHOTOSHOP CC / CS6

1 画像サイズを変更しないで
解像度を72ppiに変更する

Photoshopで配置写真（74.jpg）を開いた後、**イメージ→画像解像度**を選択してダイアログボックスを開きます。再サンプルのチェック❶を外して **幅・高さ・解像度**がすべてリンクされた状態に設定後、解像度を300ppiから72ppiへ変更します。

※解像度を変更した後は、そのままデスクトップに再保存します。

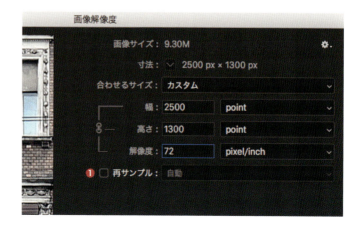

THE 6TH SECTION　Ps + Ai DESIGN　74

74

Ps + Ai DESIGN

DOWNLOAD FOLDER No.74

PHOTOSHOP CC / CS6　ILLUSTRATOR CC / CS6

Illustratorで作る 72ppiの画像合成

Illustratorのドキュメントに配置する画像は、Photoshopの画像解像度で指定する「幅」と「高さ」に比例します。ここではピクセル単位で作業を行うため、ピクセル表記の寸法に合わせた72ppiの幅と高さで作業をします。配置写真の合成が完成した後は、Photoshop形式で画像を書き出すところまで進めてみましょう。

Memo...

画質に影響を与えずに画像解像度を操作する場合は、画像解像度ダイアログの一番上にある「画像サイズ」をチェックしましょう。操作後のファイル量に変化がなければOKです。

ORIGINAL 74.jpg

ILLUSTRATOR CC / CS6

2 Illustratorに写真を配置後、アートボードに合わせて移動する

Illustratorの**ファイル→新規**から 新規ドキュメント（2500 px×1300 px、カラーモード：**RGB**カラー プレビューモード：オーバープリント）を開きます。

続いて、デスクトップに保存した写真ファイル（**74.jpg**）をIllustratorのアートボードに直接ドラッグ＆ドロップして配置します。そのまま**変形パネル**の**基準点の位置**を左上、**X**と**Y**を**0 px**に設定して写真を移動します。

※配置写真をアートボードの**0位置**に合わせて移動する方法です。

ILLUSTRATOR CC / CS6

3 白、黒グラデーションの正方形を作成する

長方形ツールをアートボード上でクリックしてパネルを開き、幅と高さが**500 px**の長方形パスを作成します。そのまま**線パネル**と**グラデーションパネル**を使って長方形パスの**塗り**を白～黒へ変化する線形グラデーション、**線**を黒に設定します。

※グラデーション：線形　角度：−45°
※線幅：1 px

長方形
幅：500 px
高さ：500 px

❶ カラー：#ffffff
（カラーコード）
不透明度：100%　位置：0%

❷ カラー：#000000
（カラーコード）
不透明度：100%　位置：100%

ILLUSTRATOR CC / CS6

4 変形パネルを使って正方形パスを左上に移動する

変形パネルを使って手順3で作成した正方形パスを左上の指定位置に移動した後、透明パネルの描画モードを**オーバーレイ**に設定します。

※変形パネルの設定値　X：0 px　Y：−100 px

ILLUSTRATOR CC / CS6

5 パスの変形効果を使って正方形を右へ5つ並べる

正方形パスが選択状態のまま、**効果→パスの変形▶変形**を使って、右方向に5個の長方形を並べます。

変形効果ダイアログボックスの**水平方向**（移動）を500 px、コピーを4に設定後、OKをクリックして500 pixel × 500 pixelの正方形を横に並べてみましょう。

変形効果
移動
水平方向：500 px
垂直方向：0 px
コピー：4

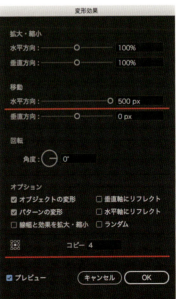

ILLUSTRATOR CC / CS6

6 変形効果を繰り返して正方形の列を縦に並べる

続いてもう一度、**効果→パスの変形▶変形**を選択します。効果の重複を促す注意ウィンドウが出現したら**新規効果を適用**を選択して、再び変形効果ダイアログボックスを開きます。今度は**垂直方向**(移動)の値を **500 px**、コピーを **2** に設定して **OK** をクリック、写真の上に 5×3 個の正方形を並べます。

ILLUSTRATOR CC / CS6

7 写真と同じ大きさの長方形にグラデーションを設定する

長方形ツールをアートボード上でクリックしてパネルを開き、幅 **2500 px** 高さ **1300 px** の長方形パスを作成します。そのまま**グラデーションパネル**を使って長方形の**塗り**を線形グラデーションに設定後、**変形パネル**で **0 位置**に移動します。

※グラデーション:線形　角度:-60°　線なし
※0位置　X:0 px　Y:0 px

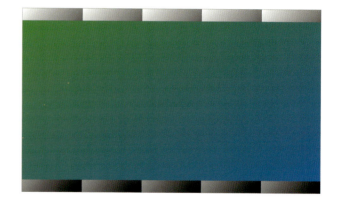

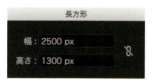

長方形
幅:2500 px
高さ:1300 px

❶ カラー:**#4e8f40**(カラーコード)　　❷ カラー:**#2c5d9e**(カラーコード)
不透明度:100%　位置:0%　　　　　　不透明度:100%　位置:100%

ILLUSTRATOR CC / CS6

8 グラデーションを合成して全体の色味を変える

透明パネルを使って、配置した長方形パスの描画モードを**カラー**、不透明度を **30**％に設定して背面のオブジェクトに長方形を合成します。

最後は長方形を使ってオブジェクト全体をマスクします。長方形パスが選択状態のまま、**編集→コピー**、**編集→前面へペースト**の順に実行して、写真と同じ大きさの長方形をオブジェクトの最前面に配置します。続いて**選択→すべてを選択**を実行後、**オブジェクト→クリッピングマスク▶作成**を実行すれば完成です。

ILLUSTRATOR CC / CS6 → PHOTOSHOP CC / CS6

9 Photoshop形式で画像に書き出してみよう

手順8で完成したIllustratorのオブジェクトにファイルメニューの**書き出し**を使えば、JPEGやPSD形式などの写真データとして書き出すことができます。ここでは素材写真を 72ppi でIllustratorに配置した状態なので、そのまま 72ppi で書き出してみましょう。

※**ファイル→書き出し▶書き出し形式**を選択して、ファイル形式を **Photoshop（psd）**、書き出しオプションの解像度を **72ppi** に設定後、**OK** をクリックして書き出します。

Photoshop形式で書き出した画像は、上下に透明領域が追加された状態なので**カンバスサイズ**を使って写真の大きさにトリミングして仕上げます。

※**イメージ→カンバスサイズ**を選択して、幅と高さを **2500×1300 pixel** に設定後 **OK** をクリックします。作例は**レイヤー→画像を統合**を実行して JPEG 形式で再保存しました。

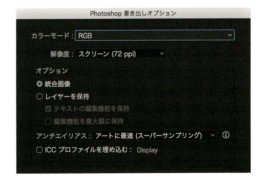

75

Ps + Ai DESIGN

DOWNLOAD FOLDER No.75

PHOTOSHOP CC / CS6　**ILLUSTRATOR CC** / CS6

切り抜き写真の背景を モザイクで「刻む」

「牧草」をイメージした切り抜き写真の背景表現です。このセクションのポイントは変形、Illustratorのモザイクオブジェクトと個別に変形を使って、モザイク状に切り出した正方形をランダムに変形、拡散させてみましょう。

ORIGINAL 75a.jpg

PHOTOSHOP CC / CS6 → ILLUSTRATOR CC / CS6

1 写真の一部分をIllustratorにペーストする

最初に**Photoshop**で素材写真（**75a.jpg**）を開きます。続いて**長方形選択ツール**で画面の左下部分を選択後、そのまま**編集→コピー**を実行します。

※下図を参考にW：1650 px × H：1000 px程度の大きさを選択してください。

Illustratorから**ファイル→新規**を実行して、新規ドキュメント（W：400 px × H：300 px、カラーモード：**RGB**カラー）を作成後、**編集→ペースト**を実行します。そのまま**オブジェクト→ラスタライズ**を使って埋め込みファイルを**72ppi**に変換します。

※アートボードにペーストした画像は、コピーした写真（**75a.jpg**）の解像度（**300ppi**）で埋め込みファイルに変換されます。

ILLUSTRATOR CC / CS6

ラスタライズ

カラーモード：**RGB**
解像度：スクリーン（**72 ppi**）
背景：ホワイト
アンチエイリアス：なし

※クリッピングマスクを作成のチェックを外す。

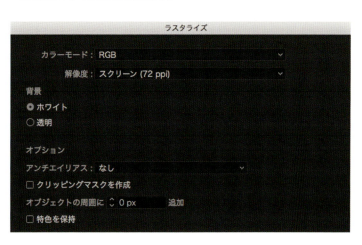

ILLUSTRATOR CC / CS6

2 モザイクオブジェクトを変形／拡散させる

埋め込みファイルが選択状態のまま**オブジェクト→モザイクオブジェクトを作成**を選択します。タイル数を50×50、**ラスタライズデータを削除**にチェックを入れてモザイクオブジェクトを作成します。
続いて**オブジェクト→グループ解除**を実行後、**オブジェクト→変形▶個別に変形**を使って分割した長方形を変形しながら拡散させます。

※個別に変形は設定を変えて3回実行します。

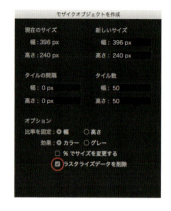

モザイク
オブジェクトを作成

タイル数
幅：50
高さ：50

※ラスタライズ
データを削除を
チェック。

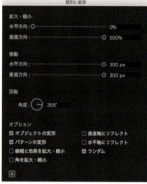

個別に変形
(1回目)

拡大・縮小
水平方向：0%
垂直方向：500%

移動
水平方向：300px
垂直方向：300px

回転
角度：355°(参考値)

※ランダムをチェック。
※OKをクリック。

個別に変形
(2回目)

拡大・縮小
水平方向：0%
垂直方向：500%

移動
水平方向：0px
垂直方向：0px

回転
角度：355°(参考値)

※ランダムをチェック。
※OKをクリック。

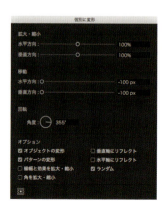

個別に変形
(3回目)

拡大・縮小
水平方向：100%
垂直方向：100%

移動
水平方向：−100px
垂直方向：−100px

回転
角度：355°(参考値)

※ランダムをチェック。
※コピーをクリック。

ILLUSTRATOR CC / CS6

3 選択ツールで四角く揃える

選択ツールを使って上側を部分的に選択後、分割したオブジェクトを下に移動します。同様の方法で選択したオブジェクトを上下左右に移動させて長方形に整えましょう（右図参照）。

※牧草をホウキで掃きながら揃えていくようなイメージです。

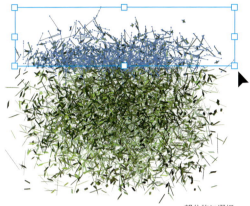

部分的に選択

内側に移動

ILLUSTRATOR CC / CS6

4 最背面に長方形パスを配置する

散乱したオブジェクトを整えて右下のような形状になった後は、**長方形ツール**で牧草より大きいサイズの長方形を作成します。
※ W：400 px × H：300 px　塗り：白　線：なし

オブジェクト→重ね順▶最背面へを実行して長方形を最背面へ移動後、すべてのオブジェクトを選択、**編集→コピー**を実行します。
※作例はここで一度保存しました。

75b.ai

PHOTOSHOP CC / CS6

5 レイヤーマスクで牛のぬいぐるみをマスクする

素材写真（75a.jpg）に戻り、Photoshopの**クイック選択ツール**で牛の背景部分を選択後、**選択範囲→選択とマスク**（CS6は選択範囲を反転後、境界線を調整）を起動します。ワークスペースのダイアログから**反転**をクリック後、**境界線調整ブラシツール**と**ブラシツール**で領域の境界をドラッグしながら調整します。最後に**不要なカラーの除去**を100％で適用後、**新規レイヤー（レイヤーマスクあり）**で出力します。

※次の手順では牧草のオブジェクトを背景の上にペーストするので、レイヤーパネルの**背景**を選択しておきましょう。

新規レイヤー（レイヤーマスク）で出力

PHOTOSHOP CC / CS6

6 牧草オブジェクトをペーストすれば完成です

編集→ペーストを実行して、手順4でコピーした牧草のオブジェクトを**ピクセル形式**でペーストします。右図のバランスに合わせて牧草の大きさと位置を調整後、return（Enter）キーを押して配置を確定します。
※作例は W:215％ H:200％で変形後、確定しました。

最後に**イメージ→色調補正▶色相・彩度**を使って、牧草の色合いを鮮やかに調整すれば完成です。

色相・彩度
色相：8
彩度：25
明度：0

ORIGINAL 76.psd

PHOTOSHOP CC / CS6　**ILLUSTRATOR CC** / CS6
モザイクの応用編
ランダム・ドットパターン

P.273で使ったモザイクオブジェクトから発展した、ドットパターンの背景表現です。ランダムな大きさの楕円形パスを「オブジェクトの再配色」で塗り分けて、POPな色彩のドットパターンに仕上げましょう。

76
Ps + Ai DESIGN

DOWNLOAD FOLDER No.76

Section 06_76　277

ILLUSTRATOR CC / CS6

1 P.273～P.274の手順を参考に、ドットオブジェクトを変形／拡散する

Illustratorの**ファイル→新規**を実行して、新規ドキュメント（W：2000 px × H：2000 px、カラーモード：RGBカラー）を作成後、**ファイル→配置**を実行してマスク済みの素材画像（76.psd）をアートボードに配置します。そのままP.273～P.274を参考に配置画像を72ppiにラスタライズ後、**タイル数 30×30**のモザイクオブジェクトを作成します❶。

次に**オブジェクト→グループ解除**を実行後、左下周辺の白い長方形❷を選択して**選択→共通▶カラー（塗り）**を実行、そのまま**delete**キーを押して不要な長方形をすべて削除します。

選択ツールで残った長方形をすべて選択後、**効果→スタイライズ▶角を丸くする**、**オブジェクト→アピアランスを分割**の順に実行して、選択した長方形をすべて円形に変形します❸。
※角を丸くする　半径：10 px

最後にオブジェクトが選択状態のまま、**オブジェクト→変形▶個別に変形**を使って、楕円形をランダムに変形、外側に拡散させます。続いて**command（Ctrl）＋D**キー（変形の繰り返し）を押して楕円形をさらに変形・拡大・拡散します。

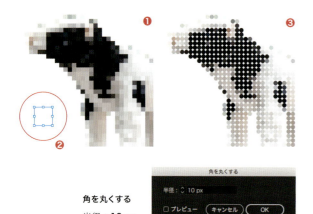

個別に変形

拡大・縮小
水平方向：500%
垂直方向：500%

移動
水平方向：1000 px
垂直方向：1000 px

回転
角度：355°（参考値）

※ランダムをチェック。

角を丸くする
半径：10 px

ILLUSTRATOR CC / CS6

2 「オブジェクトを再配色」で楕円の色合いを変化させる

なげなわツール

なげなわツールを使って、集合体になったドットオブジェクトの中央部分を大まかに選択後、**編集→カラーを編集▶オブジェクトを再配色**を選択します。ダイアログボックス左上の**編集**❶を押してモードを切り替えた後、カラーホイールの右下にある**ハーモニーカラーをリンク**を**ON**に設定します。

そのまま**H/S/B**のスライダーをドラッグして、選択したオブジェクトの色彩を変化させます。最後に楕円形パスを個別に移動して、オブジェクト全体の形を整えて完成です。

※作例は素材画像（76.psd）を前面に配置、164%拡大して仕上げました。

オブジェクトを再配色
H：271°
S：69%
B：87%　※参考値。

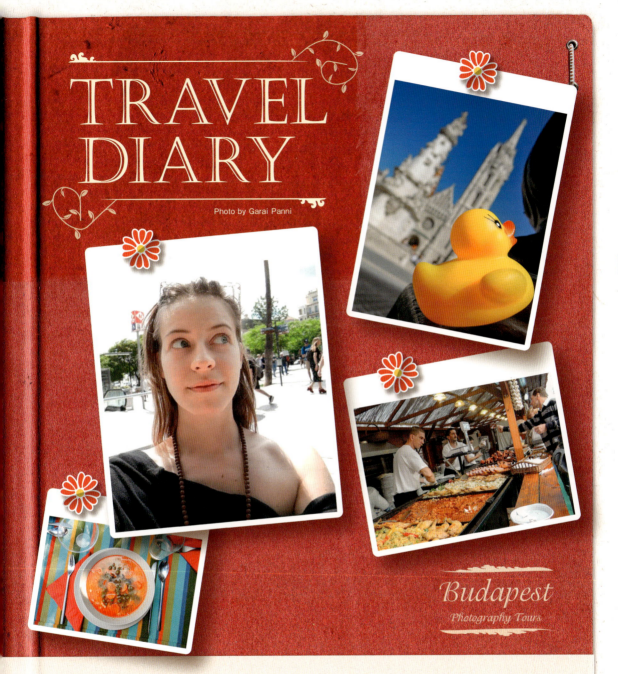

77

Ps + Ai DESIGN

DOWNLOAD FOLDER No.77

ILLUSTRATOR CC / CS6

デザイン素材を集めて
コラージュを作ろう

白フチの写真に罫線のオーナメント、P.250で制作した「花」は押しピンに使用。Illustratorを使ってバインダーの上に散りばめたデザイン素材を自由にレイアウトしてみましょう。

ILLUSTRATOR CC / CS6

1 バインダーの写真をアートボードに配置する

ここでは配置写真の解像度を300ppi、ドキュメントの単位をミリメートルで作業します。最初はIllustratorから**ファイル→新規**を選択して、210mm×297mm（A4サイズ）、RGB、300ppiの新規ドキュメントを作成後、バインダーの写真（**77a.jpg**）をドラッグ&ドロップでアートボードに配置します。

次にP.268を参考にアートボードの左上角に写真を移動後、レイヤーを**ロック❶**、そのまま**新規レイヤーを作成❷**を実行してレイアウトの準備を整えます。

ORIGINAL 77a.jpg

新規ドキュメント
幅：210mm 高さ：297mm
単位：ミリメートル
RGB 300ppi

 ❶   ❷

ILLUSTRATOR CC / CS6

2 写真をトリミングしてフレーム加工しよう

P.264を参考に、写真素材（**77e.jpg**）をアートボードに配置後、長方形パス（55mm×38mm）を使って配置した写真をマスクします。
※作成した長方形パスはクリッピングマスクを実行する前に**コピー**しておきます。

コピーした長方形パスを写真の**背面にペースト**後、**塗りと線**を白、**線幅**を3.5mmに設定、右図を参考に長方形を上に引き伸ばします。そのまま**効果→スタイライズ▶ドロップシャドウ**を長方形に適用後、写真と長方形を選択して**オブジェクト→グループ**を実行します。

ORIGINAL 77b〜77e.jpg

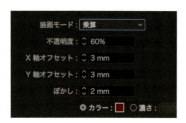

ドロップシャドウ
描画モード：乗算
不透明度：60%
X軸：3mm Y軸：3mm
ぼかし：2mm
シャドウのカラー
#60191d（カラーコード）

線
線幅：3.5mm
角の形状：ラウンド結合

ILLUSTRATOR CC / CS6

3 押しピンに花の素材（P.250）を使用する

リファレンス（P.250）で作成した花の素材はワンポイントに使える素材なので写真を留める押しピンに使います。花の素材を選択して、**アピアランスパネルのドロップシャドウ❶**をクリックすると設定当時のダイアログが出現します。今回は押しピンを立体的に表現するので、ドロップシャドウを少し深めに再設定しましょう。

※効果を使ったオブジェクトのサイズ変更は、拡大・縮小パネルの**線幅と効果を拡大・縮小❷**にチェックを入れてから操作します。

f70a.ai

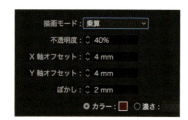

ドロップシャドウ
描画モード：乗算
不透明度：40%
X軸：4mm Y軸：4mm
ぼかし：2mm
シャドウのカラー
#562c2c（カラーコード）

THE 6TH SECTION　Ps + Ai DESIGN　77

波形 2　線幅：0.07 ㎜
#fffddd

Castellar MT 75Q
#fffddd

つる　線幅：0.08 ㎜
#ecd0bc

ILLUSTRATOR CC / CS6

④ 装飾はフローラルブラシとスパイラルツール

罫線にブラシを適用して文字の周囲を飾ります。**ブラシパネルのオプションメニュー❶から、ブラシライブラリを開く▶装飾▶豪華なカールブラシとフローラルブラシのセット**を開きます。
※作例は **つる、波形 2、花の葉** を装飾に使用しました。
「**つる**」は **スパイラルツール**で渦巻き線を描いた後、形状を調整しています。
※ブラシは線幅で大きさが変わるので確認しながら調整しましょう。

材料が揃った時点でこのセクションは完成です。大きさや角度を考えて自由にレイアウトしてみましょう。

ITC Isadora Std　42Q　17Q
#eed9cd

花の葉　線幅：0.07 ㎜
#eed9cd

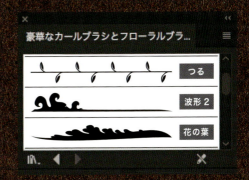

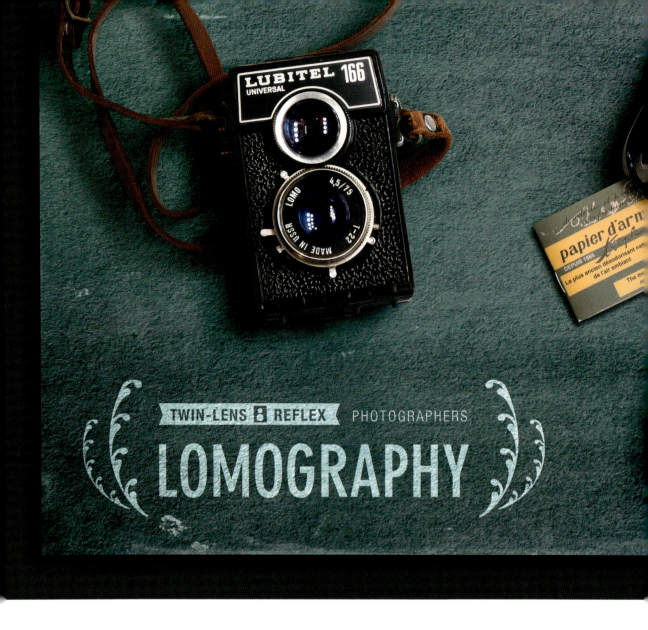

PHOTOSHOP CC / CS6

1 テクスチャのサイズを基本に
俯瞰（ふかん）写真を配置する

ここでは背景に使うテクスチャをベースに素材を配置します。最初に俯瞰写真（78b.jpg）を開き、**選択範囲→すべてを選択**を実行後、**編集→コピー**を実行します。次に、テクスチャ（78a.jpg）を開いて**編集→ペースト**を実行後、**移動ツール**を使って右端のタイプライターを基準に俯瞰写真の位置を調整しましょう。

※俯瞰写真：真上から見下ろすアングルで撮影した写真。

ORIGINAL 78a.jpg

THE 6TH SECTION　Ps + Ai DESIGN　78

78
Ps + Ai DESIGN

DOWNLOAD FOLDER No.78

PHOTOSHOP CC / CS6　ILLUSTRATOR CC / CS6

俯瞰写真と影の
重厚なイメージ

作例制作の最後は、俯瞰（ふかん）写真とテクスチャを組み合わせたアンティークな合成写真で締めましょう。

ここではペンツールを使った切り抜きと、レイヤースタイルの「影」がポイントです。長さの違う2種類のドロップシャドウに俯瞰写真の影を加え、立体感を強調する重厚なイメージでフィニッシュしましょう。

ORIGINAL 78b.jpg

コーヒーカップの取っ手が切れないようにしながら位置を調整しましょう。

Section 06_78　283

※複製したレイヤーを非表示にする。

PHOTOSHOP CC / CS6

[2] 焼き込みカラーを使って
　　背景のテクスチャに俯瞰写真の影を合成する

レイヤー→レイヤーを複製を2回実行して俯瞰写真を2つ複製します。次にレイヤーパネルの表示/非表示を使って複製した写真を2つとも非表示に設定後、最初にペーストした写真（レイヤー1）の描画モードを**焼き込みカラー**、塗りを**35%**に設定します。

Memo

レイヤーの複製は、
command（Ctrl）+J
を使うと便利です。

❶

 シェイプが重なる領域を中マド

PHOTOSHOP CC / CS6

[3] 3つのモチーフをペンツールで囲み
　　レイヤーマスクに変換する

上から2つ目のレイヤー（レイヤー1のコピー）を**選択**、**表示**状態に戻した後、**ペンツール**を使って3つのモチーフ（カメラ、タイプライター、コーヒーカップ）をパスで囲みます。
※オプションバーのパスの操作を**中マド**に設定してからペンツールを使用しましょう。

モチーフをパスで囲んだら、**command（Ctrl）キー**を押しながら、パスパネルの**パスサムネール**をクリックして選択範囲を作成後、レイヤーパネルの❶を押して**レイヤーマスク**を作成します。

※包括光源を使用のチェックを外す。

PHOTOSHOP CC / CS6

4 写真の影に合わせた角度で
ドロップシャドウの効果を加える（レイヤースタイル）

レイヤー→レイヤースタイル▶ドロップシャドウを選択して、レイヤースタイルダイアログボックスを開きます。**包括光源を使用**のチェックを外した後、マスクした3つのモチーフに距離の長いシャドウの効果を加えます。

描画モード：乗算
不透明度：**70%**　角度：**25°**
距離：**135 px**
スプレッド：**0%**
サイズ：**100 px**

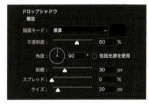

PHOTOSHOP CC / CS6

5 カード冊子にレイヤーマスクを追加して
今度は距離の短い影を加える

最前面のレイヤー（レイヤー1のコピー2）を**選択**、**表示**状態に戻した後、手順3、4を参考に、タイプライターの下に置いたカード冊子にレイヤーマスクを追加します。カード冊子の影にも**ドロップシャドウ**を使って、今度は距離の短い**90°**の影を入れます。

※高低差のあるアイテムに影を加える場合、ドロップシャドウの距離を使い分けることで、深さのある立体感を表現することができます。

描画モード：乗算
不透明度：**60%**　角度：**90°**
距離：**30 px**
スプレッド：**0%**
サイズ：**20 px**

PHOTOSHOP CC / CS6

6 合成を馴染ませるために写真全体にグラデーションを加える

レイヤーパネルの❶を押して**グラデーション**を選択します。続いて**グラデーションで塗りつぶし、グラデーションエディター**を設定して、黒（不透明度100％）から白（不透明度50％）へと変化する**グラデーション塗りつぶしレイヤー**を作成します。描画モードを**ソフトライト**、不透明度を**50％**に設定して写真全体にグラデーションの効果を加えます。

スタイル：線形　角度：30°　比率：100％

❷ 不透明度：100％
❸ カラー：#000000 （カラーコード）
❹ 不透明度：50％
❺ カラー：#ffffff （カラーコード）
❻ 不透明度の中間点　位置：60％

ILLUSTRATOR CC / CS6

7 Illustratorで型抜きロゴを作成する

画像の左下に配置するロゴをIllustratorを使って作成します。ポイントは**複合パス**を使った型抜きと、**装飾ブラシ**（P.281参照）の反転調整です。型抜きは「**抜き型**」になるオブジェクトが複合パスになっていないと正常に抜くことができません。

※複合パスは **オブジェクト→複合パス▶作成**で実行します。
※文字の場合は**書式→アウトラインを作成**を実行した段階で、自動的に複合パスになります。

二眼レフのアイコンを複合パスに変換後、パスファインダーの**前面オブジェクトで型抜き**を使って、文字のアウトラインと一緒に下図のリボンを型抜いてみましょう。

TWIN-LENS 8 REFLEX　PHOTOGRAPHERS

LOMOGRAPHY

78_logo.ai

PHOTOGRAPHERS
Helvetica Neue LT Std 47 Light Condensed　16Q

LOMOGRAPHY
DIN 30640 Std Neuzeit Grotesk Bold Cond　77Q

Helvetica Neue LT Std 77 Bold Condensed　17.5Q　※リボン：約50.6㎜×5.8㎜

ILLUSTRATOR CC / CS6

8 装飾ブラシを使って文字の左右に飾りを加える

ペンツールまたは**曲線ツール**で作成したパスの**線**に装飾ブラシを適用します。
P.281を参考に、「**豪華なカール**」❶を使ってパスを装飾してみましょう。
パスを**反転**❷する場合、ストロークオプションを使ってブラシを反転する必要があります。ブラシパネルの**オプションメニュー**❸から、**選択中のオブジェクトのオプション**を選択して**ストロークオプション**を開きます。**軸を基準に反転**❹にチェックを入れて、ブラシを反転させましょう。

※ロゴ完成後、すべてのオブジェクトを選択して**編集→コピー**を実行します。

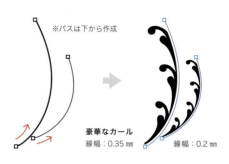
※パスは下から作成
豪華なカール 線幅：0.35 mm 　線幅：0.2 mm

反転（リフレクト）　　軸を基準に反転

PHOTOSHOP CC / CS6

9 ロゴを左下に配置して完成

作業中の画像ファイルに戻り**編集→ペースト**（ピクセル形式で配置）を実行後、画像左下のスペースにロゴを配置します。
※作例は**130%**拡大して配置しました。

続いて**編集→塗りつぶし**を実行してロゴを白く塗りつぶします。
※**透明部分の保持**❶にチェックを入れてから実行しましょう。

最後に、ロゴの描画モードを**オーバーレイ**に変更後、**レイヤー→レイヤーを複製**を実行、複製したレイヤー（レイヤー2のコピー）の描画モードを**覆い焼き**（リニア）**-加算**、塗りを**30%**に設定すれば完成です。

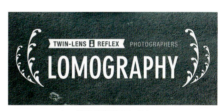
ピクセル形式でペースト

オーバーレイ 不透明度：100%（レイヤー2）

覆い焼き（リニア）塗り：30%（レイヤー2のコピー）

■ 著者略歴

下田和政　（JET_COMPANY）
グラフィックデザイナー

雑誌・書籍のアートディレクターをはじめ、エディトリアルデザイン、撮影、イラスト制作、プロモーション制作など多くの制作現場に携わる。

おもな著書

『Illustrator デザインマニュアル』（技術評論社）
『Photoshop+Illustrator パターン・背景デザインの速攻制作レッスン』
『Illustrator テクニックファイル アイコン&マークデザイン』
『Photoshop プロフェッショナルズ アイコン・マーク・ロゴデザイン』
『Photoshop プロフェッショナルズ 写真加工テクニック』
『Photoshop×Illustrator プロフェッショナルズ テクスチャ・背景・壁紙デザイン』
『Photoshop プロフェッショナルズ アイコン・マーク・ロゴデザイン』
『Illustrator プロフェッショナルズ アイコン・マーク・ロゴデザイン』
　　　　　　　　　　　　　（エムディエヌコーポレーション）
『Photoshopデザイン Shot!』
『Photoshop×Illustrator 素材×簡単作成』（SB クリエイティブ）
『自由に使える素材集 テクスチャー 500』（アスキー・メディアワークス）など多数

■ 制作スタッフ

Design	JET_COMPANY
	下田和政
	Rickymouse
	Márton Erős
	Neri
	Tanya Gamidova
	椎葉 陸
	Dylan Adams
Model	Matthew Worsley
	Elizaveta Shakkakho
	Garai Panni
	Jana Hülsey
DTP協力	machico
編集担当	竹内仁志（技術評論社）

Photoshop Design Manual
フォトショップ
デザインマニュアル

プロ技で魅せる写真加工の教科書

2019年5月1日　初版　第1刷発行

著　者　　JET_COMPANY　下田和政
　　　　　　ジェット カンパニー　しもだ かずまさ
発行者　　片岡　巌
発行所　　株式会社技術評論社
　　　　　東京都新宿区市谷左内町21-13
　　　　　電話　03-3513-6150　販売促進部
　　　　　　　　03-3513-6160　書籍編集部
印刷／製本　図書印刷株式会社

お問い合わせについて

本書に関するご質問は、本書に記載されている内容に関するものに限定させていただきます。本書の内容と関係ないご質問につきましては、一切お答えできませんので、あらかじめご了承ください。また、電話でのご質問は受け付けておりませんので、必ずFAXか書面にて下記までお送りください。お送りいただいたご質問には、できる限り迅速にお答えできるように努力いたしておりますが、場合によってはお答えするまでに時間がかかる場合がございます。また、回答の期日を指定いただいた場合でも、ご希望にお答えできるとは限りません。あらかじめご了承くださいますよう、お願いいたします。なお、ご質問の際に記載いただきました個人情報は、回答後速やかに破棄させていただきます。

問い合わせ先

〒162-0846
東京都新宿区市谷左内町21-13
株式会社技術評論社　書籍編集部
「Photoshop Design Manual プロ技で魅せる写真加工の教科書」質問係
FAX：03-3513-6167
URL：https://gihyo.jp/book/116

定価はカバーに表示してあります。

本書の一部または全部を著作権の定める範囲を越え、無断で複写、複製、転記、転載、データ化することを禁じます。

造本には細心の注意を払っておりますが、万一、乱丁（ページの乱れ）や落丁（ページの抜け）がございましたら小社販売促進部までお送りください。送料小社負担でお取り替えいたします。

ISBN978-4-297-10419-1　C3055

Printed in Japan　©2019　Kazumasa Shimoda